W0076741

UNNÜTZES WISSEN
HUNDE

*Unsinnige und lustige Fakten über Hunde - Das perfekte
Geschenk über den besten Freund des Menschen*

Unnützes Tierwissen

Inhaltsverzeichnis

Einleitung

Hunde sind vierbeinige und treue Freunde. Sie haben Charakter und sind nicht falsch oder gehässig. Es gibt unzählige Rassen und viele ganz wundervolle Geschichten über unsere vierbeinigen Freunde – die ich Ihnen hier gar nicht erzählen möchte. Vielmehr möchte ich Ihnen die „witzige, absurde und manchmal etwas verrückte Seite der Hundewelt" vorstellen. Lachen und Schmunzeln Sie doch einmal!

Ich stelle Ihnen in diesem Buch absurde Gesetze und Vorschriften vor, zeige Ihnen völlig unsinnige Shoppingartikel für Hundefreunde. Ich habe Ihnen viele Dinge herausgesucht, die Sie vielleicht noch gar nicht wussten oder die Sie einfach für unwichtig halten. Und richtig – die unwichtigen und völlig unnützen Dinge sind die, die uns oft zum Kopfschütteln, Schmunzeln und Lachen bringen. Das Ganze habe ich für Sie mit einer Sammlung von Witzen gewürzt.

Begeben Sie sich mit mir auf eine Reise und erfahren Sie Dinge, die eigentlich keiner braucht oder die einfach ein bisschen schräg und witzig sind.

Können Hunde Corona bekommen?

In dieser Zeit beschäftigt uns leider das Thema Corona viel zu oft. Diese schlimme Krankheit verändert das Leben, die Arbeits- und Freizeitwelt in unseren eigentlich modernen Zeiten. Grund genug, Wege zu suchen, etwas gegen die Krankheit zu tun. Manchmal sind diese Wege auch ungewöhnlich und neu.

Im österreichischen Bundesheer wird die Suche nach Corona-Infizierten mit einem Spürhund getestet. Erste Erfolge zeigen, dass es möglich ist. Aber das Training ist aufwendig und langwierig. Möglicherweise sind die Hunde erst einsatzbereit, wenn die Corona-Krise überwunden ist.

In Wien ist der Spürhund Fantasy mit seinem Hundeführer dabei, spezielle Corona-Proben zu suchen. In fünf Gläsern sind Mundnasenschutz-Masken vorhanden. Eine dieser Masken ist mit positiven SARS-CoV-2-Viren versehen. Die Maske wurde von einem Menschen getragen, der positiv auf das Covid-Virus getestet wurde. Der belgische Schäferhund kriecht auf seinem Bauch von Glas zu Glas und findet in kurzer Zeit die positive Probe. Er gibt seinem Hundeführer ein Zeichen.

Auch in Deutschland werden bei der Bundeswehr Spürhunde

eingesetzt, um in einem Feldversuch Coronaviren zu finden. Laut Angaben der Militärpresse liegt die bisherige Trefferquote bei 80 %. Ein Hund kann in kurzer Zeit 200 bis 250 Proben prüfen.

Sind die Versuche ernstzunehmen? Wohl eher nicht. Es handelt sich vielleicht um einen Internet-Gag oder einen nicht ganz ernstgemeinten Medienspaß. Oder kennen Sie ein Corona-Testzentrum, in dem Sie kein Wattestäbchen bekommen, sondern an einer Hundestaffel mit zehn Schäferhunden vorbei müssen? Am besten Sie kriechen beim Test in Höhe der Hunde über den Boden. Das ist sicher nicht realistisch und wirkt unfreiwillig komisch. Es zeigt jedoch, dass der Mensch immer wieder auf seinen treuen Vierbeiner zurückgreift und auch vor kuriosen Untersuchungen und Erfindungen nicht zurückschreckt. Sie werden sicher noch einige davon in diesem Buch kennenlernen.

Laut verschiedenen Quellen können Hunde zwar an Corona erkranken, das Virus aber nicht an den Menschen weitergeben. Bei Haustieren treten Coronaviren auf, die aus anderen Virenstämmen zusammengesetzt sind. Es sind keine „Humanerreger" und daher sind diese nicht auf den Menschen übertragbar. Bei Hunden kommen zwei Typen von Coronaviren vor. Eine tritt bei Welpen auf und führt zu schweren Durchfallbeschwerden. Ein weiterer Coronaerreger löst sehr starke Atemwegsinfektionen aus. In beiden Fällen ist ein Besuch beim Tierarzt dringend notwendig.

Die unglaublichsten, ungewöhnlichsten und schrägsten Gesetze und Vorschriften für Hundehalter und ihre vierbeinigen Freunde

Die Landeshundegesetze regeln die Pflichten der Hundehalter in Deutschland. In jedem Bundesland gibt es ein eigenes Gesetz. Für das Jahr 2020 haben unsere Politiker ein Gassigesetz geplant. Damit möchte unsere Regierung den Tierschutz verbessern. Laut diesem neuen Gesetz „muss" jeder Hund zweimal pro Tag Gassi gehen und eine Stunde ausgeführt werden. Im Gesetz sollen auch die Kettenhaltung und die Ausstellung überzüchteter Tiere verboten werden.

In Deutschland gilt für das Halten von Hunden kein einheitliches Gesetz. Vielmehr müssen sich Halter an einer Anzahl Gesetze orientieren. Es sind das Bundesgesetz, die Landeshundegesetze und verschiedene Verordnungen zu beachten. Zu beachten sind ebenso das Tierschutzgesetz und das Hundetierschutzgesetz. Und da sicher bei diesem Durcheinander von Gesetzen und Verordnungen jeder Halter noch den Durchblick bewahrt, kann er sich mit einer Tierschutzversicherung und einer Hundehalterhaftpflichtversicherung schützen.

Nehmen Sie einmal einen Hund im Taxi mit, müssen Sie auf das Personenbeförderungsgesetz achten. Wenn Sie Urlaub mit Ihrem treuen Gefährten machen wollen, müssen Sie natürlich auf die Landesgesetze des Urlaubsortes achten. In Südtirol gilt es dann, auf das „Dekret des Landeshauptmanns vom 8. Juli 2013, Nr. 191, Durchführungsverordnung im Bereich Schutz der Tierwelt" zu achten. Einfach ist das nicht immer.

Witziges, Absurdes und absolut Unwichtiges zum Häufchen

Es sollte zum Thema Hundekot eigentlich kein eigenes Kapitel geben. Aber es gibt so viel Kurioses, Absurdes, Verrücktes und absolut Unwichtiges zu diesem Thema zu finden, dass es hier einen eigenen Platz gefunden hat.

Neben den Begriff Hundekot wird immer wieder auch Häufchen und Hinterlassenschaft verwendet. Das klingt doch recht rücksichtsvoll.

Übrigens, der Begriff „Hundekot" ist sprachwissenschaftlich eine „Determinativkompositum aus Hund und Kot mit Fugenelement -e". Aha!

In Wien sagt man übrigens Gackerl und in der Türkei köpek boku. Bei uns wird das Häufchen auch oft als „Tretmine" bezeichnet.

Noch einmal zurück nach Österreich: Der Spruch „Nimm ein Sackerl für mein Gackerl" wurde 2006 als „Spruch des Jahres" gewürdigt.

Unsere deutschen Verwaltungen haben natürlich alles geregelt und in einem fabelhaften, teilweise unverständlichen Verwaltungsdeutsch in dicken Regelwerken zusammengefasst.

So heißt es hier: „Nach dem Abkoten eines Hundes bleibt der Kothaufen (anders wohl beim Hundeurin) grundsätzlich eine selbständige bewegliche Sache, er wird nicht durch Verbindung oder Vermischung untrennbarer Bestandteil des Wiesengrundstücks, der Eigentümer des Wiesengrundstücks erwirbt also nicht automatisch Eigentum am Hundekot."

Aha! Das kleine Häufchen ist auch weiter Besitztum des Hundes und damit der Hundehalterin. Dafür brauche ich ja unbedingt eine gesetzliche Regelung. Das hätte ich so nicht gewusst.

Zum Thema Hundekot sagen unsere Ordnungsämter: Hundehalterinnen und Hundehalter sind verpflichtet, die durch den Hund verursachten Verunreinigungen auf Straßen, Wegen und öffentlichen Plätzen unverzüglich zu entfernen und ordnungsgemäß zu entsorgen. Um es den Hundehalterinnen und Hundehaltern einfacher zu machen, dieser Pflicht nachzukommen, haben viele Gemeinden und Städte Behälter aufgestellt, denen kostenlos Tüten entnommen können, um den Kot der Hunde zu beseitigen. Sollten die Behälter keine Tüten mehr enthalten, wenden Sie sich an Ihre Gemeinde-, Amts- oder Stadtverwaltung. Rechtsgrundlagen:

§ 3 Abs. 7 Gesetz über das Halten von Hunden (HundeG),

§ 3 Abs. 7 HundeG, Section 3 para. HundeG. Vollzugskräften der zuständigen Ordnungsbehörde ist es in den Fällen, in denen gegen das Gesetz verstoßen wird, gestattet, die Person, die den Hund führt, zur Feststellung der Personalien anzuhalten.

Der Verstoß gegen die Entsorgungspflicht stellt eine Ordnungswidrigkeit dar und kann nach § 20 Abs. 1 Nr. 7 HundeG mit einem Bußgeld belegt werden.

Ah – wie der Amtsschimmel doch schön alles geregelt hat. Seitenweise Unsinn. Und auch schön das Hundehalter Hundekotbeutel für das kleine Häufchen verwenden sollen. Wer das nicht macht, kann bestraft werden. Sind keine Hundekotbeutel da, dann bitte an die Gemeinde-, Amts- oder Stadtverwaltung wenden. Rufen Sie doch da mal an und sagen denen, dass auf der Müllerstraße 14, der August-Bebel-Straße 23 und am Hermann-Meier-Platz die Kotbeutel alle sind. Am besten alle Entnahmestellen abpendeln, alles auflisten und dann anrufen. Oh, ich wollte jetzt keineswegs Hobbys erfinden oder nützliche und ernsthafte ehrenamtliche Tätigkeiten zusammenstellen.

Das obere Gesetz ist ein typisches Beispiel für eine Regelung, an deren Ende man gar nicht weiß, was am Beginn gestanden hat.

Die Berliner Ordnungsämter sagen unter anderem: Im Stammbereich von Bäumen (Baumscheibe) darf der Hundekot auch nicht liegen bleiben. Die Ausrede: „Ist doch Dünger.", gilt nicht, denn Hundekot und -urin fügen den Bäumen ernsthafte Schäden zu. Die Hundesteuer ist nicht zweckgebunden! Sie ist eine Luxussteuer und wird nicht für die Säuberung von Straßen, Plätzen und Grünanlagen entrichtet! Das Hundegesetz, das Grünanlagengesetz, das Straßenreinigungsgesetz und das Hundesteuergesetz enthalten die Regelungen.

Ah, liebe Berliner Hundehalter. Erstmal vier Gesetze lesen und dann bitte mit dem Hund rausgehen! Und nicht an die Stammscheibe wursten bitte!

In der sächsischen Stadt Dresden kann ein Häufchen bis zu 1.000 EUR kosten. Da viele Hundebesitzer die Hinterlassenschaften dennoch nicht weggeräumt haben und wohl auch das Amt und die Reinigungskräfte nicht hinterherkamen, hat man hier das Projekt „HaiDog" ins Leben gerufen. Neben 45 vorhandenen Beutelspendern wurden 28 HaiDogs aufgestellt, das waren „Multi-Funktions-Nutzungs-Papierkörbe" mit eingebautem Beutelspender. Die Hundebesitzer haben die Dinger nicht verwendet und das Projekt wurde erfolglos beendet.

Ein Hundekot-Streitfall kam 1989 vor das Amtsgericht Düsseldorf. Das Gericht entschied: „Wer auf einer Spiel- und Liegewiese einen Hund abkoten lässt und den Kot nicht beseitigt, macht sich wegen umweltgefährdender Abfallbeseitigung strafbar."

Die CDU hat in Hessen empfohlen, ein DNA-Register aufzubauen, um bei den Häufchen die Tiere zu finden und die Hundehalter zur Kasse zu bitten. Interessante Idee. Aber da müssten die Leute vom Amt erst einmal Häufchen sammeln gehen.

In Berlin fallen übrigens, laut unserer schlauen Presse, jährlich

55 Tonnen Hundehäufchen an.

Einem Unternehmen in Tel Aviv, Israel, kam die glänzende Idee, eine Häufchentüte zu entwickeln, die dem Hund an den Schwanz gebunden wird. Damit ist das Suchen nach dem Entsorgungstütchen nicht mehr notwendig. Ist das wirklich so eine tolle Idee? Ich glaub eher nicht.

In Bayern geht man mit Motorroller und „Kotsauger" gegen das Ärgernis vor. Das klingt schon nach ernsthaftem Kampf gegen Häufchenansammlungen.

In der Schweiz gibt es spezielle Mülleimer, in denen die Häufchentüten einzuwerfen sind. Diese heißen „Robidog".

1980 gab es in der Schweiz eine Volksinitiative, die eine Pflicht zum Verwenden eines Hundeklos in der Verfassung des Landes verankern wollten. Die Klopflicht scheiterte leider.

Übrigens, wussten Sie dass im Hundekot Protozoonen sind, die auf Rinder Neospora caninum übertragen können? Es kann sogar, setzen Sie sich lieber hin oder halten Sie sich fest, zu diaplazentarer Infektion kommen. Wussten Sie das? Ich auch nicht. Klingt auch nicht so wichtig.

Bei Amazon gibt es übrigens ganz verschiedene Hundekotaufsammler zu kaufen. Braucht man ja unbedingt!

Die Geräte gibt es von etwa 9,- Euro bis zu 35,- Euro. Der PooPooLess ist ein „Pooper Scooper mit Teleskopstange und Beutel zur Aufnahme des Poops". Bei dem „The Sustainable

People Doggyssnapper" erhalten Sie einen handlichen Kotbeutelgreifer im Taschenformat. Der Pooper Scooper kommt mit einem biologisch abbaubare TSP-Kotbeutel. Dieser vermeidet das unangenehme Gefühl beim Aufheben.

Ja, wer kennt ihn nicht, den sehr praktischen TSP-Kotbeutel?!

Die Häufchen gibt es als Extra-Einträge in Wikipedia, im Duden, in verschiedenen Lexika und und und. Es gibt sogar Jahreskalender mit Hochglanzpapier und jeden Monat ein schönes Foto eines Häufchen-produzierenden Hundes. Das gibt es übrigens auch für die paarungswilligen Vierbeiner. Irgendwie ging da was an mir vorbei! Bei mir hängt jedes Jahr der Rezeptkalender von meinem Stamm-Metzger.

Wer mehr als 35,- EUR zur Verfügung hat, kann für günstige 639,99 EUR auch eine vollelektronische Station zur Hundekoteentsorgung erwerben. In den feinen Abfallbehälter werfen Sie die Tütchen ein. Ein Tütchenspender ist auch dabei. Warum diese große Plastikklotz so teuer ist, erschließt sich mir nicht. Ich hatte hier auf eine schicke WLAN-Info und eine App mit Abfrage gehofft. Es ist aber nur ein Riesen-Plastikmülleimer.

Das Spa für Bello – Wohlfühlurlauber für den Hund

Natürlich hat man in Deutschland ein Herz für die Vierbeiner. Es gibt Tierpensionen, wo die Tiere umsorgt werden, Hundepaten, die sich ein paar Stunden am Tag um das Tier kümmern, wenn Herrchen oder Frauchen auf Arbeit ist und ganz besondere SPA-Einrichtungen, die dafür sorgen, dass es dem Hund gutgeht. Sie können Wohlfühlmassagen und Faszienrollen buchen. Im Bergressort Seefeld sind Gäste mit Hund willkommen. Hundesitter gehen mit dem Vierbeiner aus. Es gibt eine Extra-Spielwiese, einen Hundeteich für Badespaß, wo auch wildes Herumtollen erlaubt ist und eine Hundetankstelle. Diese Ecke mit Futternäpfchen ist nicht lieblos gefüllt. Herrchen kann aus einer Speisekarte auswählen, was der Hund bekommt. Er soll sich ja schließlich auch wohlfühlen.

Auch unser Gesetzgeber mag Hunde. So kann in Deutschland das Ausführen von Hunden steuerlich abgesetzt werden. Der Bundesfinanzhof begründet dies mit der Aussage „der Begriff des Haushalts ist räumlich-funktional auszulegen: Er beschränke sich nicht auf die reinen Grenzen des Grundstücks." Also geht's gar nicht direkt um den Hund. Er wird als Teil des Haushaltes angesehen. Abgesetzt werden kann das Ausführen aber nur, wenn sich ein professioneller Dienstleister darum kümmert. Tut es der Nachbar oder ein Bekannter, kann das beim Finanzamt nicht geltend gemacht werden. Es wird wahrscheinlich aber billiger sein, wenn sich ein Nachbar um das Tier kümmert und man kennt ihn und weiß, der beste Freund des Menschen ist in guten Händen.

Im Dog Spa in Detmold können nicht nur alle möglichen pflegenden Behandlungen gebucht werden, der Hund kann auch eine Aromatherapie oder eine Meerestherapie genießen. Es gibt einige Hunde-Spas in Deutschland, in denen der Vierbeiner so richtig verwöhnt wird. Natürlich nur, solange Herrchen genügend finanzielle Mittel locker hat. Das Hunde Spa Larimar in Stegersbach (Österreich) gilt übrigens als das hundefreundlichste Hotel. Es wurde vielfach ausgezeichnet. Hier wird Ihr Hund super umsorgt und verwöhnt. Im Corinthia Palace Hotel & Spa in Malta steht jedem Hund ein eigener Concierge zu. Das Hotel Pharisäerhof im Norden Frieslands hat einen 6.000 Quadratkilometer großen Auslaufpark mit einem großen Teich für die Vierbeiner angelegt. Und was macht man, wenn man Hunde liebt, aber keinen eigenen hat? Im „Aalerhüs" in Sankt Peter-Ording können Sie sich für eine Gebühr den Labrador des Hotelbesitzers ausleihen und mit ihm Gassi oder spazieren gehen. Für nur 10 Euro dürfen Sie Schröti ausführen. Der Service heißt passenderweise „Schröti-to-Go".

In Amerika kann ein Hund sogar Bonusmeilen sammeln, wenn er oft mit dem Flugzeug durchs Land reist. Das Programm heißt „Pfötchen". Ein weiteres Vielfliegerprogramm für Hunde gibt es mit Velocity in Australien. Dieses ist extra für Vierbeiner von einer Fluggesellschaft ins Leben gerufen wurden. Ein Hund kann so auch ganz Australien bereisen und wird dafür belohnt. Auch für sportliche Betätigung wird hier und da gesorgt. So können Hundebesitzer im „Loews Coronado Bay Resort" in Florida einen Surfunterricht für den Hund buchen. Eine Schwimmweste gibt es für den Vierbeiner natürlich auch. Und wer sich besonders geschickt anstellt, darf am jährlichen Hundesurfwettkampf teilnehmen. Für die Pflege zu Haus lässt sich eine elektrische Hundebadewanne bestellen.

Kuriose Gesetze in aller Welt

Auf unserer Welt gibt es nicht nur Gesetze, die den Tierschutz regeln und Menschen bestrafen, die Tiere quälen und eigentlich niemals in die Nähe eines Hundes und Haustieres gelassen werden dürften. Es gibt auch viele sehr schräge und witzige Gesetze, bei denen man sich überlegen muss, was die Menschen sich dabei gedacht haben, als sie diese entworfen und beschlossen haben.

Wenn Sie nachts in Dallas mit Ihrem Hund spazieren gehen, müssen Sie den Vierbeiner mit einem roten Rücklicht ausstatten. So wird er besser gesehen.

In Ohio ist Hundebellen eine Ruhestörung. Es gilt, dieses unartige Verhalten abzustellen. Damit dies gelingt, dürfen in dem amerikanischen Bundesstaat die Polizisten die Hunde beißen und sie so erziehen. Ob der Hund dann zu bellen aufhört, ist nicht bekannt.

Auch in Arkansas gilt eine strenge Nachtruhe. Ab 18.00 Uhr abends bis früh um 6.00 Uhr ist Bellen streng verboten.

Hunde spielen gern in Gruppen. Das ist aber nicht überall so einfach möglich.

Wenn sich in Oklahoma mehr als drei Hunde im Freien treffen wollen, muss ein Antrag erstellt werden. Der Gruppenspaß ist nur erlaubt, wenn der Bürgermeister unterschrieben hat.

In Oklahoma gibt es noch ein weiteres, sehr kurioses Gesetz. In dem US-Bundesstaat ist es per Gesetz verboten, dem Hund Grimassen zu schneiden. Wer sich nicht dran hält, muss mit harten Geldstrafen oder sogar eine Gefängnisstrafe rechnen.

Manchmal ist auch die Ernährung des Vierbeiners in einem Gesetz geregelt. So ist es in Chicago streng verboten, seinen Hund mit Whisky zu füttern. Hier fragt man sich, warum es dieses Gesetz gibt? Hat das zuvor wirklich jemand gemacht?

Den Menschen in Kentucky ist ihr Auto wichtig. Per Gesetz ist es Hunden verboten, einen Pkw zu begatten. Wenn Sie in Delaware den Hund ausführen und auch Ihre Frau oder Freundin dabeihaben, dürfen Sie nicht Händchen halten. Ohne Hund ist es aber erlaubt. Der Sinn hinter diesem Gesetz ist nicht zu verstehen.

In Connecticut dürfen Hunde nicht tätowiert werden. In einigen Bundesländern der USA war es wohl üblich, den Vierbeinern mit einer Tätowierung für Hunde ein besonderes Markenzeichen zu geben und sie so besser wiederzufinden, wenn sie einmal ausgebüchst waren.

In Wisconsin sollten Sie beim Parkspaziergang den Hund an der Leine führen. Hier ist es streng verboten, dass Hunde ein Eichhörnchen belästigen. Was unter einer Belästigung eines

Eichhörnchens durch einen Hund zu verstehen ist, ist im Gesetz nicht näher beschrieben. Das liegt wohl dann in der Betrachtungsweise der Ordnungshüter.

In Barber, New Castle (Großbritannien) ist es verboten, das Hunde und Katzen miteinander kämpfen. Also hier darf der Hund nicht durch die Wohnung, den Garten oder über die Straße laufen und auch Meister Katze muss sich anständig und seriös verhalten. Ob die sich dran halten?

In Turin (Italien) müssen Sie Ihrem Hund drei Mal am Tag ausführen. Wenn Sie dem nicht nachkommen und der Hund zu wenig Bewegung bekommt, können Sie mit einer Geldstrafe von 500 Euro belegt werden.

Anders ist es in Shanghai. Hier dürfen Sie den Hund nicht raus lassen. Auf Straßen, Gehwegen und in Parks sind Hunde nicht erlaubt. Wenn Sie Ihren Hund zum Tierarzt bringen wollen, müssen Sie zuvor eine Ausnahmegenehmigung beantragen. Wie große Hunde in der Wohnung genug Bewegung bekommen, können wir leider nicht beantworten.

In Schweden geht es den Hunden richtig gut. In „Hundekitas" werden die Vierbeiner umsorgt. Wie eine solche Einrichtung aussehen muss, ist genau in einem Gesetz beschrieben. Dazu gehört auch, dass für jeden Hund in der Kita ein eigenes Fenster vorhanden sein muss. Man, ähm Hund will ja schließlich die frische Luft genießen und nach draußen schauen.

Tanzen und Springen – Hunde beim Sport

Das Hundewettrennen ist ja sicher jeden bekannt. Aber es gibt noch viele andere Sportarten, mit denen Hunde ihre Fitness trainieren können und die ihnen vor allem Spaß bringen. Dazu gehören unter anderem Agility, Bikejöring, Canicross, Crossdogging und Caniwandern. Die Namen der Sportarten sind so gewählt, dass Fremde sich darunter kaum was vorstellen können. Beim Agility müssen Hunde einen Parcours mit Hindernissen so schnell wie es möglich ist, überwinden. Sie müssen Hindernisse überspringen, um Stäbe herumlaufen und durch einen Röhrentunnel rennen. Bikejöring erinnert ein wenig an Huskyschlitten. Nur wird hier über ein Zugseil ein Fahrrad gezogen. Der Fahrradfahrer unterstützt den Hund und tritt kräftig in die Pedale. Dadurch kann der Hund die Rennstrecke sehr schnell durchlaufen.

Canicross ist ein Geländelauf. Der Hund und das Herrchen müssen einen Parcours durchlaufen. Dabei ist der Läufer mit seinem Hund fest mit einer Leine verbunden. Beim Caniwandern geht es etwas gemächlicher zu. Hier ist eine Wanderroute mit dem Hund abzulaufen. Auch hier werden Mensch und Hund mit einer Leine verbunden.

Crossdogging ist eine Sportart, die nur von Hundeschulen absolviert wird. Mehrere Schulen nehmen teil. Jede Hundeschule bekommt pro Woche 5 Aufgaben, die sie lösen muss. Interessant ist, dass vorher nicht bekannt ist, welche Aufgaben gelöst werden müssen und das Techniken aus verschiedenen Hundesportarten vermischt werden. Coursing ist ein bekannter Hundesport. Unter dem fremdartigen Begriff verbirgt sich das klassische Windhundrennen.

Es gibt noch mehr interessante Hundesportarten. Der Diensthunde-Biathlon ist nur für Hunde und deren Hundeführer gedacht, die bei der Polizei zum Einsatz kommen. Der Hund muss mit seinem Hundeführer eine Strecke von elf Kilometern ablaufen und verschiedene Aufgaben an einzelnen Stationen lösen. Für Hunde, die nicht im Dienst unseres Landes stehen, gibt es die Alternative: Dog Biathlon. Jagdhunde werden beim Dummytraining geschult und müssen ein Objekt markieren, suchen und einweisen. Es gibt auch für Fährtensuchhunde die Sportart „Fährte", bei dem eine Spur verfolgt und ein Zielobjekt oder eine Person gefunden werden müssen. Dabei gibt es zwei Fährten-Kategorien. Die erste Spur ist 1.200 Schritte lang und die zweite 1.800.

Degility ist ein Hundesport aus der Physiotherapie. Die Hunde müssen hier eine Strecke ablaufen, Hindernisse überwinden und Aufgaben lösen. Fast schon lustig wirkt dagegen Dogdancing. Der Hundehalter muss sich eine Choreographie ausdenken und mit dem Hund tanzen. In diesen Tanz sind Tricks und Kombinationsübungen mit eingebunden. Beim Flyball müssen vier Teams, bestehend aus einem Hundeführer und einem Hund, mehrere Hindernisse überwinden und zu einer Ballwurfmaschine gelangen. Der Ball muss vom Hund apportiert werden und zum Startpunkt zurückgebracht werden.

Hundewagen und ähnliche kuriose Beförderungsmittel

Etwas abgeleitet vom Hundeschlitten sind die Hundewagen oder auch Dogcarts. Dieser auch ohne Schnee einsetzbare Wagen werden zum Trainieren genutzt. Ein Hund zieht den Wagen, in dem der Musher oder auch Dogcart-Führer sitzt. Es gibt ein besonderes, manchmal gepolstertes Zuggeschirr, dass den Hund mit dem Wagen verbindet.

In Deutschland und insbesondere in der Deutschen Verkehrsvorschrift wird ein Dogcart als „Kutsche" betrachtet. Aus diesem Grund muss hier ein solcher Wagen mit Klingel, Bremse und Beleuchtung ausgestattet sein. Es muss keine Fahrerlaubnis für einen solchen Wagen erworben werden und die Wagen müssen auch nicht zugelassen und geprüft sein. Sie müssen jedoch verkehrssicher sein und bei einer Breite über einen Meter mit Rückstrahlern gesichert werden.

Heute werden Hundewagen nur noch als Freizeitspaß oder zu kleinen Wettkämpfen eingesetzt. Vom Mittelalter bis nach dem Zweiten Weltkrieg galten sie tatsächlich als Verkehrsmittel. 1887 musste jeder Hund, der einen solchen Wagen fuhr, noch eine „Bescheinigung des Königlichen Kreistierarztes" beantragen. Das Tier sollte ja schließlich für den Verkehr fit sein. Lag diese vor, durfte die Ortspolizeibehörde dem Wagenlenker einen Erlaubnisschein ausstellen.

Damals gab es besondere Vorschriften und Strafen. Das Einspanngeschirr musste den Hunden immer noch ermöglichen, sich niederzulegen. Jeder Hundeführer musste Decken für die Hunde und Trinkwasser mitführen. War das Wetter schlecht, musste der Fahrer den Hunden helfen und den Wagen mitziehen. Der Fahrer durfte in so einem Fall nicht im Wagen sitzen. Eine Ausnahme lag vor, wenn der Fahrer eine Behinderung und eine Sondererlaubnis besaß. Diese war aber ungültig, wenn „wenn er auf die Ortschaften geht und sich dort betrinkt, so dass ihn seine Frau damit abholen muss", so die wortwörtliche Vorschrift.

In Alaska gab es ein „Pup-mobile". Auch hierbei handelte es sich um einen Wagen, der durch mehrere Hunde gezogen wurde. Hier jedoch war der Wagen mit Eisenrädern auf Schienen gesetzt. Ziehen mussten die Hunde den Wagen nur auf geraden oder nach oben führenden Strecken. Ging es nach unten, wurden die Tiere mit in den Wagen gesetzt und dieser fuhr allein.

In Frankreich entwickelte man die „Cynophère". Auf einem Wagen mit drei Rädern saß auf einem erhöhten Sitz der Wagenlenker. Links und rechts vom Sitz befanden sich zwei übergroße Laufräder. Jedes Laufrad war für sich genommen eine Konstruktion aus zwei Metallrädern und einer dazwischen liegenden Lauffläche. Auf diesen liefen die Hunde und trieben durch ihre Bewegung die Räder an. 1875 wurde dieser Wagen von M. Huret erfunden und getestet. Das kuriose Gefährt setzte sich aber zum Glück nicht durch. Es gab auch einen Erfinder, der ein Pferdefuhrwerk bauen wollte und die Pferde dafür in einer dem Fahrrad ähnlichen Pedalsystem einspannen wollte. Das gab es aber nur auf dem Papier. Die Cynophère gab es wirklich. Sie wurde aber nie ernst genommen und setzte sich zum Glück nicht durch.

Es gibt ein sehr schönes altes Gemälde, auf denen einfache Leute und Bauern mit einem Hundewagen gezeigt werden. Damals, um 1800 – 1900 herum, war ein Hundewagen ein Statussymbol. Einen Wagen, das Geschirr und einen Hund oder zwei, die den Wagen zogen, konnte sich nicht jeder Bauer leisten. Es zeigte, dass es den Menschen etwas besser ging. Der Hund musste ja auch ernährt werden. Aus dieser Zeit stammt auch der Ausspruch „auf den Hund gekommen". Im Laufe der Zeit hat sich die Redensart abgewandelt. Heute bedeutet „auf den Hund gekommen", dass jemand abgestiegen ist, es ihm nicht gut geht und er heruntergekommen wirkt. Die Redensart findet auch ihre Anwendung, wenn jemand zu einem Hundefreund wird.

In der heutigen Zeit gibt es einen Hundebuggy. Der Name täuscht, denn mit diesem Wagen werden Katzenbabys oder Hundewelpen transportiert. So können Großstädter ihre geliebten Vierbeiner an die gesunde und frische Luft bringen oder sie zum Tierarzt bringen. Die Buggys eignen sich auch dafür, einen kranken Hund mit nach draußen zu nehmen. Ebenso können Sie einen Hund nach einer noch frischen

Operation einen Park- oder Waldspaziergang gönnen. Für den modernen Menschen gibt es auch den „Pet Traveller", der an das Fahrrad als Anhänger angespannt werden kann. Für den Hundebuggy gibt es bereits einige Testberichte und das Gefährt wird in vielen unterschiedlichen Modellen gehandelt. Für sehr große Hunde können die Buggys auch schon einmal 1.500 Euro kosten. Einen kleinen erhalten Sie bereits für unter 50,- Euro. Vorsicht: Die Wagen sind nur für Hunde und andere Haustiere geeignet und nicht für Kinder.

Ungewöhnliche und kuriose Geschenke für Hunde- und Hundebesitzer

Geschenke für Hunde? Natürlich. Seinen besten vierbeinigen Freund möchte man eine Freude machen. Ein besonderes Leckerli, einen supergroßen Hundeknochen, eine kuschlige Ecke, eine schöne Decke für den Hund oder auch ein Hundespielzeug, das auch zerstört werden darf. All das sind die ganz normalen Dinge, die man ab und zu seinem Hund gönnt.

Aber bei Furbo, inke. , Etsy und anderen spezialisierten Tierwebshops gibt es natürlich auch Kotgreifer, Gassibeutel, ein Poster mit dem Bild des eigenen Hundes, Hundehalstücher, Schlüsselanhänger und die angepassten Hundesocken für die kalte Jahreszeit. Furbo, eine Firma aus Taiwan, hat da schon speziellere und sehr ausgefallene Artikel. Die Hundekamera, mit der man den Vierbeiner immer im Blick hat zum Beispiel. Die Kamera hat einen integrierten Echtzeit-Bellalarm und einen Leckerliauswerfer. Hier wird moderne „Hundeerkennungstechnologie" verwendet.

Auf einigen Webseiten findet man Bastelanleitungen für Hundegeschenke. Kissen, Socken, wärmende Jacken, Hundeleine und so manches Spielzeug muss nicht teuer gekauft werden. Mit etwas Geschick und der richtigen Anleitungen lassen sich viele

Dinge selber machen. Und dabei können Sie richtig Geld sparen. Leckerlis und Hundenahrung lassen sich natürlich auch selbst herstellen. Es gibt sogar Rezeptsammlungen und Kochbücher für Hundeliebhaber.

Bei den ungewöhnlichen Geschenkideen gefällt besonders das „Pfotenreinigungswunder". Das ist eine Art Tasse mit einer Öffnung. Borsten in der Öffnung streifen den Schmutz von der Hundepfote ab und sammeln sie im Inneren der Tasche. Sehr originell und superpraktisch. Der „Zahnstocherspender mit Hundekopf" bietet dem verspielten Vierbeiner ein Mini-Stöckchen zum Abortieren und Spielen an. Der Tennisball-Blaster sorgt sicher für wilde Verfolgungsjagden und ist ein super Spielzeug bei jedem Ausflug. Mit dem Bilderrahmen und dem dazugehörigen Formschaum lässt sich eine Hundepfote festhalten und für immer und ewig an die Wand tackern. So hat man immer einen „Pfotenabdruck" seines Vierbeiners in Sichtweite. Für Besitzer von Hund und Action-Kamera gibt es natürlich auch das Hundegeschirr, mit dem die Kamera direkt am Hund befestigt werden kann. So wird der Vierbeiner zum Hobbyfilmer. Für alle Hobbyköche gibt es auch einen Dörrautomat für selbsthergestellte Leckerlis. Natürlich gibt es auch die Hundetorte, die den Vierbeiner besonders freut, die Tragetasche für kleine Hunde und ein Autoschild mit Pfote. Auch Büroklammern als Hunde- oder Knochenmotiv und ein Napfklo, bei dem der Hund erstmals aus dem Klo trinken darf. Natürlich ist es ein kleines nachgemachtes Örtchen.

Der Power-Hundeföhn für günstige 99,90 EUR ist für jeden

Tierfreund unbedingt notwendig. Mit 2.400 Watt Leistung und 70 Grad wird das Fell des Hundes getrocknet. Das Gerät sieht eher wie eine schwere Baumaschine aus, als ein Föhn und sofern so etwas nötig ist, geht's wahrscheinlich auch mit dem normalen Föhn. Denn bei dem PawHut Profi Föhn hat man den Eindruck, dass der Hund gleich mit geröstet wird.

CHONGYA ist nicht etwa ein neues asiatisches Gericht, sondern ein hellgrünes „Hundespielzeug mit Saugnapf". Das Teil sieht nicht nur besonders hässlich aus, sondern scheint auch absolut sinnlos zu sein. Das Ding wird auch noch als besonders wichtige Zahnbürste für Hunde verkauft. Auf dem Produktbild sieht man dann auch einen Hund, der irgend so ein grünes Teil im Maul hat.

Die Beschreibungen sind der Hit: „Der Zahnbürsten-Stick ist mit gezackten Beißhügeln in verschiedenen Formen und Größen mit unterschiedlicher Weichheit und Stärke bedeckt." „Unsere neueste Hundezahnbürste im Jahr 2021 hat eine weichere Textur und der Spalt zwischen den Zähnen ist leichter zu reinigen." Und vor allem noch die: „Sie können dem Kauspielzeug Hundeleckerlis oder Hunde Nahrungsergänzungsmittel beifügen, Sie können Lebensmittel oder Leckerlis in die Rillen einfügen, um das Interesse Ihres Hundes zu steigern."

Werden Sie dem Hund sein Spielzeug immer per Saugnapf auf den Boden befestigen, damit er es nicht wegschleppt? Oder wird der Hund den Saugnapf bedienen? Wahrscheinlich wird er das Teil in Kürze in alle Einzelteile zerlegen und die Plastikteile im Raum verstreuen.

Aber ein Spielzeug-Zahnbürste mit eingebauten Rillen für Leckerlis klingt doch toll. Das ist wie eine Zahnbürste mit einem Fach für Schnapspralinen. Super Sache.

Das „Rmolitty"-Hundespielzeug in der hundefreundlichen Ananas-Optik „bestand die Kautests von Schäfer-, Alaska-Hund und K9". Das Teil wird als superlanglebiges „Ananasspielzeug" für den Vierbeiner verkauft. Das interessante „Quietschspielzeug" kommt im „attraktiven Design" und ganz „ohne Geruch" daher. Für ernste Fälle bietet der Hersteller auch einen Kundendienst an.

Aber vielleicht haben Sie ja auch einen intelligenten Hund? Dann ist der „AWOOF Schnüffelteppich" etwas für Sie. Das Teil ist ein „Hunde-Intelligenzspielzeug" der neusten Generation. Die Puzzletrainingsmatte ahmt die Nahrungssuche in Wald und Feld nach. Sie können in dem Ding Leckerlis verstecken und es dem Hund überlassen, ob er das Teil öffnen oder zerreißen mag. Für Letzteres sorgt natürlich das „Slow Feeding Mat" für keine Verdauungsprobleme. Der Schnüffelteppich verhindert „rote Nasen und Reibung durch Plastiknahrungs-mittelbehälter."

Derartige waschmaschinen-taugliche und auch hübsch zerreißbare Schnüffelteppiche gibt es bei Amazon und anderen Webshops in großer Anzahl. Warum gibt es denn so etwas Schönes nicht auch für uns? Puzzeln, Spielen und etwas abreagieren. Irgendwo ist ein Pralinchen oder auch ein Schnäpschen versteckt. Das wäre doch wunderbar. Oder etwa nicht?

Schön finde ich es, wenn man in Webshops beim Herumstöbern immer von einem interessanten Artikel auf ähnliche und verwandte Artikel geleitet wird. So findet man natürlich bei diesen abstrusen Tiergeschenken mit ihren herrlich komischen und manchmal unabsichtlich-dämlichen Beschreibungen ganz ähnliche Dinge. Und manchmal noch verrücktere.

Das „Trixie Dog Activity Strategiespiel" ist ein Denkspielchen für Hunde. Auf den ersten Blick sieht das eher wie eines dieser Dinger für menschliche Babys aus, bei denen man Dreiecke und Zylinder in die richtige Öffnung packen muss, damit eine lustige Melodie ertönt. Aber nein. Das hier ist für Hunde. Das Teil ist rutschfest und verspricht mehrere Übungstechniken. Für das optimale Training gibt es ein Übungsheft dazu. Ob der Hund das lesen kann, ist fraglich.

Bei dem Baumwoll-Hundespielzeug habe ich den Eindruck, die Entwickler haben etwas Verbotenes zu sich genommen und richten sich an Hunde, die man loswerden will. Baumwollstricke sind zu absolut nicht lustigen Figuren und Knoten verbunden und erinnern eher an Foltertechniken aus dem Mittelalter. Aber das Ding bietet natürlich ein „INDESTRUCTIBLE DOG TOYS", also eine Unzerstörbarkeit.

Lustiger wird es mit der „FONPOO". Das ist die kaubare Version einer quietschgrünen Kaktus-Zahnbürste. Diese ist nur für „intelligente Hunde". Jeder darf da nicht ran. Der Hersteller befiehlt dem Käufer: „Halten Sie die Mundgesundheit Ihrer Hunde gesund und frisch." Die haltbaren Borsten kümmern sich auch um den Zahnbelag in den toten Ecken. Aha.

Der „Petper Cw-0118EU" ist ein quietschendes Hundespielzeug im formschönen Affenkopf-Look, das es nur so darauf anlegt, zerrissen, zerfetzt in den verschiedenen

Regionen des Wohnzimmers verteilt zu werden. Von diesen Dingern gibt es jede Menge und wahrscheinlich verbraucht ein Vierbeiner auch einige Tausend in seinem Leben. Es gibt natürlich auch Früchte, hässliche und lustige Plastikpuppen, kleine Tiere und ... Handgranaten. Jawohl. Super Zerreisspielzeug so eine lustige grüne Handgranate mit Abrisshebel. Da kommt Freude auf.

Sie können natürlich den Hund auch trainieren und kaufen ihm ein „G.C Hundespielzeug". Das „Kauspielzeug Hund für aggressive Kauer" kommt im schönen Autorad-Look daher. Der Reifen darf und soll zerteilt werden. Hoffentlich ahmt Waldi dann die Sache nicht an Nachbars Auto nach.

Den „Geier Gustav" gibt es als Hundespielzeug. Eine Katze habe ich leider nicht gefunden. Damit könnte der Vierbeiner doch für den Aufenthalt im Garten üben.

Wie kommt mein Hund zum Film?

Wie wird man eigentlich Filmhund? Bringen Sie Ihren Hund einfach zu einer Filmcrew? Sicher nicht. Antwortet man auf eine Anzeige? Eine solche habe ich noch nie gesehen. Funktioniert das wie bei den Castings für Hobby-Schauspieler? So ungefähr.

Ein Filmhund muss sich an Stress und fremde Menschen gewöhnt haben. Eine Filmcrew mit lauter fremden Leuten ist um einen herum. Die Schauspieler sind völlig fremd für den Hund und sollen im Film den besten Freund das Tieres darstellen. Es gibt jede Menge Technik von Scheinwerfern bis zu Kameras, Kamerawagen und was sonst noch so notwendig ist, um die Szenen in den Kasten zu bringen. Der Filmhund muss auf Kommandos reagieren können und darf nicht verspielt wegrennen und die Gegend erkunden.

Möchten Sie Ihren Hund einmal auf der großen Leinwand oder auch als Darsteller in TV-Filmen oder Serien sehen, müssen Sie ihn als Welpe bereits trainieren. Der Hund muss den Stress, den es bei einem Filmset gibt, abkönnen. Hunde sind sehr feinfühlig und reagieren auf ihre Umgebung. Sie müssen ihn an die möglichen Situationen gewöhnen. Eigene kleine Hobbyfilme mit der Familie oder Fotosafaris sind eine willkommene

Übungsaufgabe dafür.

Der Hund muss bestimmte Befehle und kleine Kunststückchen beherrschen. Diese müssen „perfekt sitzen". Kleine Sachen wie Pfötchen geben, sich über die Schnauze lecken, neben dem Herrchen gehen, bellen, toter Hund spielen und auch das Beißen in Taschen oder Kleidungsstücke werden manchmal beim Film benötigt.

Wenn diese Vorausbildung geglückt ist, geht es an die Bewerbung. Dazu gibt es tatsächlich so etwas wie ein „Hundecasting" und auch richtige Agenturen, die sich damit beschäftigen. Suchen Sie sich über das Internet eine oder einige Filmtieragenturen und schreiben Sie diese an. Beschreiben Sie Ihren Hund und dessen Können. Alles, was er gelernt hat und jedes Kunststückchen ist wichtig. Legen Sie mehrere Fotos bei.

Nun heißt es warten. Die Filmagentur prüft die Bewerbungen und meldet sich, wenn der Hund ihnen zusagt. Dann werden Sie zu einem Casting vorgeladen und der Hund muss zeigen, was er kann. Hier ist auch ein erster Stresstest gefragt. Schließlich muss er bei einer filmähnlichen Atmosphäre völlig fremden Leuten zeigen, was er kann. Wird die Vorstellung bestanden, wird der Hund in eine Datei aufgenommen. Ob er dann auch wirklich vor der Kamera eingesetzt wird, ist abhängig von den Filmen und Serien, die in Produktion sind und den Hunden, die dafür gebraucht werden. Und natürlich auch den Anforderungen an die Hunde, die sich Produzent, Drehbuchautor und Team vorstellen. Der Hund muss genau auf die geforderte Rasse, die Optik und die Kunststückchen passen.

Dann wird er angefordert und es gibt wie bei den Großen einen Vertrag und ein Honorar.

Manchmal werden Hunde, die vor die Kamera kommen, durch einen erfahrenen Filmtiertrainer geschult. Dabei werden die Tiere zunächst aus den Datenbanken die zuvor gecasteten Tiere abgefragt und dann trainiert. Der Filmtrainer trainiert verschiedene Tiere genau auf die Anforderungen der Drehbücher und Film-/Serienideen. Hier wird quasi der Hund geschult, den sich bereits ein Drehbuchautor und ein Produzent für eine kommende Rolle vorstellen. So wurde der Rottweiler Bruno 2 Monate vor dem Einsatz im deutschen Kinofilm „Da muss ein Mann durch" trainiert und vorbereitet.

Wird ein Film oder eine Serienfolge mit Ihrem Hund gedreht, sind Sie als Hundebesitzer in der Regel dabei. Das Tier braucht ja sein Herrchen und soll sich wohlfühlen. Aber – die Produktionsfirma entscheidet auch manchmal einen Dreh, ohne Herrchen oder Frauchen durchzuführen. Bei einem Filmdreh heißt es dann für Sie, die Nerven behalten und ruhig bleiben. Wenn Ihr Hund einmal etwas nicht genau so macht, wie sich der Regisseur das vorstellt, muss dieser entscheiden, ob die Szene erneut gedreht wird. Reden Sie ja nicht hinein und gehen Sie nicht zum Hund! Filmleute sind ein sehr eigenes Völkchen.

Wenn die Nase von Waldi wichtig ist – Differenzierungshunde in der DDR

Differenzierungshunde sind spezielle Spürhunde, die in der DDR ausgebildet und eingesetzt wurden. Unter 100 verschiedenen Duftproben konnten die Hunde, meist Deutsche Schäferhunde, eine bestimmte herausfinden. Die Gerüche waren auf Stofflappen aufgebracht, die wiederum in verschlossenen Gläsern aufbewahrt wurden.

Zu Beginn der 1970er-Jahre nahm die Volkspolizei der DDR von verdächtigen Personen Geruchsproben. Dabei wurden diese heimlich genommen, ohne dass die jeweiligen Personen dies überhaupt bemerkten. Auf einen speziellen Stuhl wurde ein geruchsneutraler Stofflappen gelegt. Die Personen nahmen Platz und wurden von einem Polizisten befragt. Der Stofflappen nahm den Geruch der Person auf und wurde anschließend in einem Glas verwahrt. Der Stuhl wurde jedes Mal mit 50 Grad heißem Wasser gewaschen, um so alle Geruchsstoffe zu entfernen.

Das Gespräch mit dem Polizisten dauerte eine halbe Stunde oder länger. Diese Zeit war notwendig, damit der Stoff, auf dem der Befragte saß, den Geruch gut aufnehmen konnte. Auf diese Weise wurden auch Geruchsproben von Kriminellen genommen und mehrere Jahre aufbewahrt.

Das Ministerium für Staatssicherheit (auch bekannt als „Stasi")
übernahm das System der Geruchsdifferenzierung und den
Einsatz der darauf trainierten Hunde. Man versuchte, die
Absender von verdächtigen Briefen durch die Aufnahme des
Geruches durch den Hund und den Vergleich mit den
vorhandenen Geruchsproben in den verschlossenen Gläsern
herauszufinden. Die Stasi legte sogar ein eigenes, spezielles
Geruchsarchiv mit Stoffproben verdächtiger Personen an.

In der DDR durften Geruchsproben, auch wenn sie erkannt
wurden und Hunde die dazugehörenden Personen herausfanden,
nicht in Strafprozessen verwendet werden. Geruchsproben waren
als Beweismittel nicht zulässig. Man verwendete sie jedoch, um
die Anzahl der Verdächtigen in einem Kriminalfall zu verkleinern.

Die Idee war jedoch nicht in der DDR entwickelt worden. Das
Identifizieren von sogenannten Körpergeruchsproben wurde 1919
von der nationalen Schule für Spürhunde in den Niederlanden
entwickelt. In der DDR nahm man

dieses Verfahren auf und entwickelte es weiter. Die Niederlande
übernahm dies 10 Jahre später für ihre Polizeihunde.

Bei welcher Fahrschule gibt es den Hundeführerschein? (Bedeutung, Entwicklung)

Der Hundeführerschein ist ein Dokument, das nachweist, dass der Besitzer die nötigen Kenntnisse hat, um Hunde artgerecht zu halten und sie im Alltag kontrollieren zu können. Mit dem Nachweis wird auch vermittelt, dass der Hund des Halters für andere Menschen keine Gefahr darstellt. Zum Hundeführerschein gehört das Ablegen einer praktischen Prüfung. Ein theoretischer Teil kann, muss aber nicht abgelegt werden. Er wird als „Sachkundenachweis" bezeichnet.

Leider gibt es in Deutschland keine einheitlichen Regelungen für den Inhalt der zu vermittelnden Regeln und das Aussehen der praktischen Prüfung. Jedes Bundesland verfügt über eigene Hundegesetze. Darüber hinaus kann der Halter einen Hundeführerschein von einem der Verbände und Vereine, die für Hundezüchter interessant sind, erhalten, ebenso wie von der Interessengemeinschaft unabhängiger Hundeschulen und der Tierärztlichen Arbeitsgemeinschaft für Hundehaltung. Um es noch etwas komplizierter zu machen, muss der Hundehalter in seinem Heimat-Bundesland sich erkundigen, welche Hundeführerscheine und Sekundärnachweise anerkannt werden und welche nicht.

Ein Hundeführerschein und ein Sekundärnachweis sind nur notwendig, wenn ein als Listenhund eingestufter Hund gehalten werden soll. Eine Ausnahme ist das Bundesland Niedersachsen. Seit 2013 gilt hier für jeden Hundehalter vor dem Anschaffen eines Hundes, dass er einen Sachkundenachweis ablegen muss. Man muss hier also erst einen Kurs besuchen und eine theoretische Prüfung bestehen und kann sich dann einen Hund anschaffen. Der praktische Prüfungsteil ist ebenso Pflicht und muss innerhalb eines Jahres nach der Theorieprüfung erfolgen.

In der Schweiz war für Hundehalter ab 2010 der Besitz eines Hundeführerscheins Pflicht. Im Jahr 2016 wurde diese Regelung wieder abgeschafft. In Frankreich muss seit 2007 für das Halten für Wach- und Kampfhunde ein Hundeführerschein abgelegt werden.

In Österreich geht man einen Schritt weiter. Ein Hundeführerschein ist bei einigen Listenhunden Pflicht. Halter, die einen solchen ablegen, auch wenn Sie keinen als gefährlich eingestuften Hund halten, werden für ein Jahr von der Hundesteuer befreit.

Hundebekleidung, die keiner braucht – Wer hat und warum wurde so etwas erfunden und wer kauft die „Löwenmähne" für den Dackel und andere kuriose Artikel

Die „Bello Lunar Löwe Haar Kopfbedeckung für kleinen Hund und Katzen" ist ein Gimmick, was wahrscheinlich Hund und Katze sofort stören wird und was nicht nur dämlich aussieht, sondern auch ziemlich unnütz ist.

Das erinnert mich an die Sketche aus Kanada, in denen man derartige Dinge einem Hündchen aufgebunden hat, um Fußgänger zu erschrecken und diese dann heimlich zu filmen. Die „Hundekostüm Löwenmähne Löwe Mähne mit Ohren" ist wahrscheinlich dafür gut geeignet. Im Sketch wurde etwas Ähnliches wie das „Spinnenkostüm Skelett" verwendet. Der arme Hund huschte um eine dunkle Ecke und sah zunächst wirklich wie eine gehetzte Riesenspinne aus.

Natürlich gibt es auch das „offizielle Darth Vader-Kostüm für den Mops". Sie können Ihren Hund auch als Stoormtrooper oder Pirat verkleiden. Aber am besten gefällt mir das Kostüm Hot Dog. Das arme Tier trägt dann natürlich auf dem Rücken noch ein Senfimitat.

Natürlich gibt es auch kleine Puppen mit Sattel, die Sie dem Tier auf den Rücken binden können. Zu Fasching ist das vielleicht lustig. Na ja, vielleicht.

Natürlich gibt es auch das „Kürbis-Kostüm", die „professionellen Kaninchen-Ohren" und eine Sonnenbrille und Messing-Halskette, die den armen Bello als Gangster darstellen soll.

Für kleinere Hunde sind Pullis für den Winter ganz praktisch, besonders wenn die Tierchen die Kälte nicht gewohnt sind. Mit dem „lionet paws" gibt es das Hundehalsband inklusive Fliege. Sieht schick aus, ist unnütz und nicht ganz so albern wie die Leuchthalsbänder.

Die „Rex Specs Hundebrille Größe XS" schützt den Vierbeiner vor schädlicher UV-Strahlung. Sie ist nur für sportliche Hunde geeignet und schützt auch vor Fahrtwind, Staub, Gräserpollen und Verletzungen durch Fremdkörper. Der Rahmen wurde übrigens konzipiert für Hundeköpfe mit Nase. Ah. Und was, wenn ich einen Hund ohne Nase habe? Dann passt die Brille nicht. Und ein sportlicher Hund ist wohl einer, der im Auto mitgenommen wird und aus dem Fenster schaut? Das also ist Sport bei Hunden!

Für sportliche Hunde gibt es natürlich auch eine Sicherheit-versprechende Schwimmweste. Falls der Hund mal nicht schwimmen kann und dennoch ins Wasser hüpft, erweist sich das vielleicht als praktisch. Der Bergegriff ist mit 2-D-Ringen ausgestattet. Sie können also den Hund „am Griff packen" und wieder ins Boot zerren. Viel Spaß, falls Sie einen Bernhardiner haben.

Der „Flasher für Hunde" gibt über 100 Stunden lang ein nerviges rotes Blinklicht ab und zeigt Ihnen so an, wo sich Ihr Vierbeiner befindet. Vielleicht kombinieren Sie am besten das Teil mit dem Spinnenkostüm und der Löwenmähne?

Mops-Geschichten

Loriot hatte ein ganz besonderes und sehr liebevolles Verhältnis zu seinem Mops. Er sagte einmal „Ein Leben ohne Mops ist möglich, aber sinnlos." Viele seiner Bücher, Anekdoten, TV-Sketche und Zeichnungen bringen den Mops ins richtige Licht. Natürlich kann ich hier diese Texte und Späße nicht wiedergeben. Aber schauen wir uns doch einmal an, was es zum Mops zu finden gibt …

Der Mops kam wohl aus dem asiatischen Raum zu uns. Sein Name gibt Wissenschaftlern noch heute Rätsel auf. Es ist nicht geklärt, woher dieser Hundename kam. Sicher ist aber, dass der Mops schon immer bei Adligen, Künstlern und Kaufleuten ein beliebtes Haustier war. Dabei kann man den Mops nicht erziehen. Der Hund bellt nicht, aber hört auch nicht aufs Wort. Er jagt manchmal durch die Wohnung und dreht schon einmal auch durch. Er kommt immer wieder zurück. So manches Herrchen weiß aber auch nicht, woher.

Im italienischen Volkstheater des 16. Jahrhunderts war der Mops ein Begleiter des Harlekins. Der Hund bekam ein Miniatur-Harlekinkostüm verpasst und ein Glöckchen um den Hals und durfte Kunststücke auf der Bühne vollführen und wild hin und her rennen. Die Italiener haben sich das zu Herzen genommen und den Mops „Carlino" genannt. Das ist der Name eines der Harlekine, die in den Theatern dieser Zeit aufgetreten sind.

In England nennt man den Mops „pug". Das steht für Faust und geht wohl auf sein Gesicht und seine Kopfform zurück. Nun, es ist nicht gerade schön, jemanden „Faust" zu nennen. Das klingt eher so, als hätte ein Tier eine Kopfform, die aussieht, als hätte man es geschlagen.

Der Name Mops geht wohl auf das niederländische „moppen" zurück, dass so viel wie „brummen" heißt. Brummt der Mops? Das habe ich ehrlich gesagt noch nicht erlebt. Aber die Niederländer mit ihren Wohnwagen haben vielleicht einmal einen erwischt und sind ihm unsanft über den Schwanz gefahren. So entstand vielleicht der Name. Im Althochdeutschen steht „mup" für „das Gesicht verziehen" und das passt wirklich ganz wunderbar auf das Knittergesicht eines Mopses. Oder meinen Sie nicht?

Im 17. Jahrhundert ging ein regelrechter Mops-Boom durch Deutschland. Man kann sich kaum vorstellen, wenn überall die Bürger mit einem solchen Tierchen sich zeigten. Wahrscheinlich gab es auch wilde Mopsjagden in den Cafés und auf den Straßen.

1738 wurde der Mops-Boom etwas übertrieben und es wurde ein Mopsorden gegründet. Nun, ich kann mir ehrlich gesagt kein Kloster mit Mönchen vorstellen, die alle einen Mops dabeihatten. Der Papst exkommunizierte den Freimaurerorden.

Das war wohl nicht ganz bibeltreu.

Die Freimaurer liebten den Mops so sehr, dass sie ihre Logen, also die Gruppen des Ordens, „Möpse" nannten. Okay. Klingt schon lustig. „Hey du. Ich muss Freitag weg. Ich bin bei den Freimaurern."

„Echt. Das doch ein Geheimorden."

„Ja. Pscht. Ich bin im Mops von Ingrid."

Ich glaube, bei derartigen Aussagen hätte ich mich lachend auf dem Boden gewälzt.

Ein Tierwissenschaftler sagte über den Mops: „Der Mops ist kein Adonis, wenig intelligent, oft mürrisch und Fremden gegenüber schlecht gelaunt." Selbst der Naturforscher Alfred Brehm war alles andere als begeistert und schrieb über den Hund: „Die Welt wird nichts verlieren, wenn dies abscheuliche Tier den Weg allen Fleisches geht."

Das ist schon ein hartes Urteil.

Zu den Freimaurern muss ich noch einmal zurückkommen. Der als „geheim" geltende Orden wurde tatsächlich als „Mopsorden" gegründet. Man denkt immer, es handele sich um Verschwörer und Leute mit Einfluss, die im Hintergrund irgendetwas wurschteln und plötzlich verändert sich die Welt. Offensichtlich wurde der Orden nur gegründet, um das Gehabe des Papstes und seiner Bischöfe „auf die Schippe" zu nehmen.

Wie bereits geschrieben, wurden die Angehörigen der Logen (Freimaurergruppen) als „Möpse" bezeichnet. Jede Loge wurde von einem männlichen und einem weiblichen Logenmeister befehligt. Diese wurden als „Großmöpse" bezeichnet. Ist wirklich war. Glauben Sie mir nicht? Doch, doch. Es lässt sich alles in Büchern und im Internet nachrecherchieren. Als ob das noch nicht genug wäre, es wird noch schräger.

Beim Aufnahmeritual musste jeder neue Novize bestätigen, dass er keine Angst vor dem Teufel hatte und dann sagen, ob er den Hintern des Teufels küssen mochte. Anschließend wurde jedem Novizen ein Mops hingehalten und er musste einen großen innigen und ehrlichen Schmatzer auf den Hundepopo abdrücken. So wurde man aufgenommen.

Natürlich gab es noch eine Kette mit einem silbernen Mops und einen Mops in der Loge. Nun ja, es war ja auch ein Mopsorden.

Das Internet ist voll mit lustigen Mopsbildern, Büchern, Comics, Kleidung mit Möpsen und allerlei lustigen, schrägen und unnützen Dingen rund um den Mops. Den Magnetmops gibt es bei Turboversand. Der Sessel „Grandfather Mops" braucht schon etwas länger und kostet auch mehr und kommt in besonders hässlicher Lila-Optik.

Unbedingt braucht man den Elefantenrüssel für den Mops. Es sieht nicht nur dämlich aus, sondern ist auch unnütz. Anhänger, Handpuppen und Topflappen kann man sich ja noch gefallen lassen. Der „Wiener Bronze Hund" ist übrigens ein aus Bronze gefertigter Mops, der als Pirat verkleidet ist. Kleidung und

Geschenke habe ich schon in einem anderen Kapitel vorgestellt.

Was meinen Sie, was hinter der Auszeichnung „Mops des Monats" verborgen ist? Wer wird diesen Preis bekommen? Jeden Monat wird der kurioseste, absurdeste und witzigste Buchtitel mit diesem Preis geehrt. Und dabei muss nicht immer ein Hundebuch sein. Die Auszeichnung kommt vom Radiosender „Deutschlandfunk" und deren Kultursendung.

Auf der Suche nach den lustigsten Witzen, Sprüchen und den schrägsten Anekdoten zum Mops bin ich auf die folgenden gestoßen:

Mops kaufen – Den Hund Straßenkarten auswendig lernen – Den Mops auf das Fahrerpult schicken – Fertig. Google Mops

Maxi kann sich nicht entscheiden. Was soll aus ihm später einmal werden? Ein Dieb oder ein Pornodarsteller? Praktisch fällt die Entscheidung also zwischen Knete mopsen oder Möpse kneten?

Wer bin ich. Ich bin klein, dick, bekomme schlecht Luft und kann mich super aufregen. Genau. Ich bin ein Mops.

Ich habe meiner Freundin zum Geburtstag einen Mops geschenkt. Trotz der platten Nase, der Glubschaugen und den Fettrollen am ganzen Körper scheint der Hund sie zu lieben.

Ein Rassehund und ein Mops treffen sich. Sagt der Rassehund: „Gestatten, mein Name ist Hasso von Schlossstein." Antwortet der Mops: „Angenehm. Ich bin Runter vom Sofa!"

Trifft ein Mops einen Podenco Ibicenco. Meint der Mops: „Wenn man dich so ansieht, könnte man meinen, eine Hungersnot wäre ausgebrochen." Antwortet der gertenschlanke Podenco: „Ja und wenn ich dich so sehe, könnte ich denken, du wärst schuld daran!"

Sagt der Mops glücklich: „Mein Winterspeck ist weg! Ich hab jetzt Frühlingsrollen!"

Ein Mops ist nicht klein! Er ist nur auf das Wesentliche reduziert!

In China mag man den Mops sehr. Warum? Er passt sehr gut in die Backröhre.

Was ist ein Schokomops? Nein. Gibt es wirklich. Das ist ein kleiner Kuchen, den man in der Schweiz in einer Tasse backt.

Es gibt noch weitere interessante Mops-Rezepte. Und alle haben sie ganz und gar nichts mit Hunden zu tun. Zum Glück. Den Rollmops kennen Sie bestimmt. Auch die „Möpse gefüllt mit Büffelmozzarella in Kaffee-Oliven-Sirup" sind ohne Hund. Hier werden Kartoffelknödel mit Hackfleisch gefüllt. Die Beschreibung „Kleine "Möpse"... mit Kindern gut zu backen ...", die ich in einem Kochbuch in der Bibliothek fand, war schon etwas angsteinflößend. Aber die Bäckerin hat hier Kekse gebacken. Bei „Opas Möpse" werden gleich mehrere Möpse verarbeitet? Nein. Auch nicht. Hier wird Hering eingelegt. Es gibt auch eine „Handtaschen-Mops-Torte" und ein schönes hundefreies „BBQ-Mops-Rezept". Aber selbstverständlich gibt es auch Geburtstagstorten, Hundekuchen und Leckerlis für den eigenen Mops zum Selbermachen.

Die folgenden Sprichwörter aus dem Volksmund möchte ich Ihnen nicht vorenthalten:

Bleibe glücklich, bleibe froh, wie der Mops im Haferstroh!

Bleibe glücklich, froh und heiter, wie der Mops am Blitzableiter!

Natürlich gibt es auch Schüttelreime in unserer Kultur:

Ein dreister Mops will meistens Drops.

Gibst du dem Mops Sardellenbutter, frisst er sie nicht. Doch bellen tut er.

Ein Mops wird klagen, mit 'nem Klops im Magen.

Die besten Hundewitze

Witze über und mit Hunden gibt es sehr sehr viele. Eine kleine Auswahl habe ich Ihnen hier zusammengestellt.

Sie: „Mein süßer Liebling, mein kleines Schatzilein, mein Schnuzipuckl …"

Er: „Ja, was ist denn, mein Liebes?"

Sie: „Halt die Klappe! Ich red mit dem Hund."

Ein Mann betritt die Tierhandlung und fragt: „Wie viel kostet der Hund dort?"

Die Verkäuferin antwortet: „120 Euro."

Der Mann sagt darauf: „Oh. Das ist ganz schön viel. Wie wäre es mit der Hälfte?"

Die Verkäuferin darauf: „Das geht nicht. Tut mir leid. Wir verkaufen nur ganze Hunde."

Warum ist ein Iglu rund?

Damit die Huskys nicht in die Ecken machen.

Martina humpelt zum Arzt und jammert: „Mein Hund hat mich gebissen?"

Der Arzt fragt: „Haben sie etwas drauf getan?"

Martina antwortet: „Nein. Es hat ihm auch so geschmeckt."

Es gibt ein uraltes Sprichwort, das besagt: Hunde, die bellen, beißen nicht. Was Briefträger so unglaublich schlimm an diesem Sprichwort finden ist: Kaum ein Hund kennt es!

Eine Spaziergängerin kommt aufgeregt und ganz außer Atem angerannt und fragt einen Jäger: „Haben sie meinen Hund gesehen?"

Der Jäger: „So ein kleiner, brauner?"

„Ja."

„Mit weißen Pfoten?"

„Ja."

„Mit Kulleraugen und Knuddelblick?"

„Ja. Genau den suche ich. Wo ist er?"

„Kann ich nicht sagen. Tut mir leid. Ich hab so einen Hund nicht gesehen."

Unterhalten sich zwei Nachbarn am Gartenzaun: „Mein Hund ist unglaublich intelligent. Er liest jetzt jeden Morgen die

Zeitung."

„Ja ich weiß. Mein Hund hat es mir schon am Telefon erzählt."

Ein Mann stellt einen Hundebesitzer zur Rede: „Ihr Hund hat meine Schwiegermutter gebissen!"

„Aha. Und jetzt wollen sie wohl ein Schmerzensgeld dafür? Sowas habe ich mir schon gedacht."

„Nein, nein. Wo denken sie hin? Ich möchte ihren Hund kaufen. Er soll weiter machen!"

Die Haushaltshilfe wird gefeuert. Bevor sie das Haus verlässt, wirft sie einen Zehn-Euro-Schein in den Hundekorb.

Die Hausbesitzerin stutzt und fragt: „Was machen sie da? Was soll der Unsinn?"

Die gefeuerte Haushaltshilfe meint: „Das, meine liebe Frau Meier, hat sich ihr Hund redlich verdient. Er war mir die ganzen Jahre eine wichtige und willkommene Hilfe."

„Wieso das denn? Was hat er denn angestellt?"

„Er hat nichts angestellt. Er hat nur jeden Tag das Geschirr sauber geleckt."

Eine junge Frau fährt mit ihrem Hund in der Straßenbahn und krault ihm ständig hinterm Ohr. Ab und zu bekommt er ein Leckerli.

Ein Mann schaut zu den Beiden und meint: „Der Hund hat es gut. Da könnte man richtig neidisch werden. Ich würde gern mit ihm tauschen."

Die Frau sagt darauf: „Das glaube ich kaum. Wir fahren zum Tierarzt. Der Rex wird heute kastriert."

Die Mutter vom kleinen Alex hat aus Versehen beim Waffenputzen ihren Hund Maxl erschossen. Die Nachbarn waren froh. Aber schon nach kurzer Zeit hat sich das geändert. Warum? Die Mutter vom kleinen Alex liebte ihren Hund so sehr, dass sie jetzt selbst jeden Tag bellt und beim Nachbarn auf die Wiese kackt.

Bei Müllers ist der Hund allein zu Hause. Das Telefon klingelt. Der Hund hebt ab und meldet sich: „WAU."

Die Stimme am anderen Ende des Telefons fragt: „Wer ist da bitte?"

Daraufhin meint der Hund: „WAU. W wie Wilhelm. A wie Anton. U wie Ulrich."

Zwei Beamte aus der Stadtverwaltung laufen mit einem Hund über den Marktplatz. Plötzlich hebt der eine den Schwanz des Hundes hoch und murmelt etwas vor sich hin.

Der andere Beamte fragt: „Was ist los? Was machst du da?"

„Ach nichts. Ich schaue nur, was wir für einen Hund haben und ob alles mit ihm in Ordnung ist."

„Hä? Wieso das denn jetzt? Der ist doch putzmunter. Wie kommst du da drauf?"

„Da hinten hat eine gerufen, dass hier ein Hund mit zwei Arschlöchern unterwegs ist."

Zwei Hunde gehen miteinander spazieren. Plötzlich fängt der eine an zu miauen.

Der andere Hund ist ganz verwirrt und fragt: „Was machst du da? Bist du krank? Hast du den Verstand verloren?"

Der Hund miaut noch einmal und meint dann: „Nein, nein. Wieso sollte ich? Was spricht denn dagegen, wenn ich einmal eine Fremdsprache lerne und sie auch anwende."

Ein Passant kommt zu einem Mann mit einem riesigen, großen Hund und meint: „Ihr Hund ist ja zum Fürchten. So ein großes und beeindruckendes Tier habe ich noch nie gesehen. Wo haben sie den Hund denn her? Was ist denn das für eine Rasse?"

Der Hundebesitzer antwortet: „Die Rasse weiß ich nicht. Ich habe den Hund aus dem Urlaub in Kenia mitgebracht. Ich habe ihm nur die Mähne abgeschnitten, damit er am Hals nicht so schwitzt."

Der kleine Max kommt mit nassen Haaren nach Hause. Fragt die Mutter: „Was habt ihr denn angestellt? Wieso hast du nasse Haare?"

Max sieht die Mutter unschuldig an und meint: „Nichts haben wir angestellt."

„Ja und was habt ihr gemacht?"

„Na wir haben den ganzen Vormittag mit dem Hund gespielt."

„Ach und deshalb bist du so nass?"

„Ja, weil ich war der Baum."

Der Kumpel von Markus ist da. Nach einem großen Hallo und „Wie geht's dir so", meint der Kumpel. „Ich hol uns mal zwei Bier aus'n Kühlschrank."

„Ja gute Idee. Mach mal."

Der Kumpel geht in die Küche, macht den Kühlschrank auf und schreit plötzlich erschrocken.

„Was denn los?", fragt Markus.

Der Kumpel antwortet: „Das müsste ich dich fragen."

„Wieso das denn?"

„Ja, wieso hast du einen Hund im Kühlschrank?"

„Ach das meinst du. Ach ich will doch für Oma kalten Hund machen. Das isst die doch so gerne."

„Duhuu Oma?", fragt der kleine Axel und schaut dabei fragend drein.

„Ja, was ist denn, mein Kleiner?"

„Schmeckt dir das Bonbon?"

„Ja sehr. Wieso fragst du?"

„Nur so. Weil unserem Bello hat es nicht geschmeckt. Er hat es wieder ausgespuckt."

„Warum weinst du denn, meine Kleine?", fragt eine Passantin ein kleines Mädchen, das weinend am Straßenhund steht.

„Mein Hund Moppel ist weg."

„Ach das ist halb so schlimm. Er ist bestimmt nach Hause gelaufen. Komm, wir gehen heim."

Das Mädchen schluchzt weiter. Die Passantin nimmt es an der Hand und fragt: „Wo wohnst du denn?"

„Das weiß nur mein Moppel."

„Könnten sie nicht früher kommen?", sagt der Arzt vorwurfsvoll zu einem neuen Patienten. „Die Sprechstunde ist gleich vorbei."

„Tut mir leid, Herr Doktor, der Hund hat mich nicht früher gebissen."

Setzt sich ein Junge mit seinem Cockerspaniel im Zug neben

eine vornehme Dame. Die Frau ist sichtlich unzufrieden damit und murrt nach einer Weile mit widerwärtiger Stimme: „Nun zieh schon deinen Köter zu dir. Ich spür schon, wie die Flöhe auf mir herumtanzen."

Der Junge zieht den Hund zu sich und meint: „Komm her Strolchi. Die Frau hat Flöhe."

Eine elegante Dame kommt in eine Tierhandlung und meint zum Verkäufer: „Bitte einen Futternapf für einen Hund. Bitte geben sie mir einen, auf dem drauf steht 'Nur für den Hund!'"

Darauf der Verkäufer: „Wieso das denn? Kann ihr Hund etwa lesen?"

Die Frau antwortet: „Nein. Der Hund nicht. Aber mein Ehemann."

Fritzchen geht mit seinem Vater in den Park. Da sehen sie zwei Hunde, wie sie gerade zusammen Liebe machen. Fritzchen fragt verwundert: „Du Papi, was machen denn die beiden Hunde da miteinander."

Der Vater überlegt, wie er es am besten erklärt und sagt dann: „Die beiden machen einen kleinen Hund."

Fritzchen nickt und die beiden spazieren weiter durch den Park.

Am Abend kann Fritzchen nicht einschlafen und geht zu den Eltern ins Schlafzimmer. Dabei erwischt er die beiden beim Liebe machen. Fritzchen fragt: „Was macht ihr denn da?"

Der Vater antwortet: „Wir machen ein kleines Baby."

Fritzchen grübelt einen Augenblick. Dann grinst er und meint: „Duhuu Papi. Kannst du Mami nicht umdrehen. Ich möchte lieber einen kleinen Hund."

Ein Mann geht in Las Vegas in ein Casino. Dort sieht er, wie an einem Tisch ein anderer Mann mit seinem Hund Poker spielt. Er staunt, geht zu den Beiden hin und meint: „Boa, sowas habe ich ja noch nicht gesehen. Ihr Hund ist ja hyperintelligent. Der kann ja super Poker spielen. Sowas habe ich noch nicht gesehen."

Der Mann winkt ab und meint: „Ach der ist nicht intelligent. Der ist strohdumm."

„Wieso das denn?"

„Jedes Mal, wenn er ein gutes Blatt hat, wedelt er mit dem Schwanz."

Ein Blinder geht mit seinem Hund in ein Kaufhaus. In der Sportabteilung packt er plötzlich seinen vierbeinigen Freund am Schwanz und wedelt ihn mehrmals im Kreis um seinen Kopf herum. Die Verkäuferin kommt sofort angerannt und meint: „Lassen sie sofort den Hund los! Sowas können sie doch nicht machen."

Der Mann antwortet unschuldig: „Wieso? Was haben sie denn? Man wird sich doch einmal umsehen dürfen!"

Der Großwildjäger geht mit seinem Hund auf Safari. Mittags legt sich der Hund unter einen Baum, um sich auszuruhen. Plötzlich kommt ein hungrig aussehender Löwe auf ihn zu. Der Hund bekommt Angst und überlegt, wie er aus dieser brenzligen Situation rauskommen könnte.

Er schleicht ein Stück weiter und legt sich vor einem Knochenhaufen auf den Boden. Als der Löwe nah genug ist, sagt er laut: „Das war aber ein leckerer Löwe. Ich wünschte, es wäre noch einer da."

Der Löwe bekommt Angst und nimmt Reißaus.

Ein Affe, der alles von einem Baum aus beobachtet hat, überlegt, wie er das Ganze zu seinem Vorteil ausnützen könnte, um den Löwen zum Freund zu gewinnen. Er läuft zu dem Löwen und klärt ihn über alles auf. Da sagt der Löwe: „Komm her, Affe, spring auf meinen Rücken und wir holen uns den verdammten Hund!"

Der Hund sieht das seltsame Gespann schon von Weitem. Er denkt kurz nach und als die beiden nah genug sind, meint er: „Wo bleibt denn nur dieser verlauste Affe? Vor einer Viertelstunde hab ich ihn losgeschickt, um einen neuen Löwen zu besorgen, und er ist immer noch nicht zurück!"

Vier Männer sprachen über die Klugheit ihrer Hunde. Der Erste war Ingenieur und sagte, sein Hund könnte gut zeichnen. Er sagte ihm, er solle ein Papier holen und ein Rechteck, einen Kreis und ein Dreieck zeichnen, was der Hund auch leicht schaffte.

Der Buchhalter sagte, er glaube, sein Hund sei besser. Er befahl ihm, ein Dutzend Kekse zu holen und sie in Dreierhäufchen aufzuteilen. Das machte der Hund locker.

Der Chemiker fand das gut, aber meinte, sein Hund sei cleverer. Er sagte ihm, er solle einen Liter Milch holen und davon 275 ml in ein Halblitergefäß gießen. Der Hund schaffte das leicht.

Alle Männer stimmten darin überein, dass ihre Hunde gleich klug wären. Dann wandten sie sich an das Gewerkschaftsmitglied und fragten, was sein Hund könnte. Der Gewerkschafter rief seinen Hund und sagte ihm: „Zeig den Jungs mal, was du kannst!"

Da fraß der Hund die Kekse, soff die Milch aus, macht ein Häufchen aufs Papier, bestieg die anderen drei Hunde, behauptete sich dabei eine Rückenverletzung zugezogen zu haben, reichte eine Beschwerde wegen gefährlicher Arbeitsbedingungen ein, verlangte Verdienstausfall, ließ sich krankschreiben und lief nach Hause.

Ein Polizist sitzt heulend auf einer Mauer.

Da kommt ein Mann und frag: „Was haben sie denn?"

Der Polizist: „Mein Polizeihund ist weggelaufen!"

Der Mann: „Ach ... machen sie sich doch keine Sorgen, der

findet auch allein wieder aufs Revier!"

Der Polizist: „Der Hund schon ... aber ich nicht!"

Der Fußballer fragt den Schiedsrichter: „Wie heißt denn ihr Hund?"

„Ich habe keinen Hund ..."

„Oh, das tut mir aber leid. Das ist doppeltes Pech."

„Wieso das denn?", fragt der Schiedsrichter.

„Blind - und keinen Hund."

Was waren die letzten Worte des Postboten?

„Braves Hündchen!"

Ein Hund kam in eine Metzgerei und stahl einen Braten. Glücklicherweise erkannte der Metzger den Hund als den eines Nachbarn. Der Nachbar war Anwalt von Beruf.

Der Metzger rief den Anwalt an. Er schilderte den Vorfall und meinte dann: „Wenn dein Hund einen Braten aus meiner Metzgerei stiehlt, bist du dann für die Kosten verantwortlich?"

Der Anwalt erwiderte: „Natürlich. Wie viel kostet das Fleisch?" Der Metzger antwortet: „30 EUR."

Ein paar Tage später erhielt der Metzger einen Scheck über 30 EUR mit der Post. Angeheftet war eine Rechnung mit folgendem Text: „Rechtsauskunft: 350 EUR."

Auf der Polizeistation klingelt das Telefon:

„Kommen sie sofort. Es geht um Leben und Tod. Hier in der Wohnung ist ein Hund!"

„Wer ist denn am Apparat?"

„Die Katze."

Das Ehepaar sitzt beim Essen. Der Mann schiebt dem Hund seinen Teller zu.

„Aber Otto", meint sie vorwurfsvoll, „du willst doch wohl nicht etwa dein Essen dem Hund geben?"

„Nein", brummt er mürrisch, „nur tauschen!"

Warum sind Männer wie Hunde?

Beide haben eine unbegründete Angst vor dem Staubsauger.

Beide sind übermäßig fasziniert vom Schoß einer Frau.

Beide misstrauen dem Briefträger.

Der empörte Ehemann: „Bei diesem Sauwetter soll ich einkaufen gehen? Da jagt man ja keinen Hund auf die Straße!"

Erwidert seine Frau ungeniert: „Ich habe ja auch nicht gesagt, dass du den Hund mitnehmen sollst!"

Michael hat Geburtstag und der Vater gratuliert ihm:

„Alles Liebe zum Geburtstag. Du darfst heute dir etwas wünschen!"

Michael überlegt nicht lang und meint: „Ich wünsch mir einen großen Bernhardinerhund."

Der Vater schüttelt mit dem Kopf. „Nein. Das geht nicht. Wünsch dir etwas anderes."

Michael kratzt sich nachdenklich am Kinn und meint dann: „Okay Papa. Ich wünsche mir, dass wir einen Tag lang die Rollen tauschen."

Der Vater nickt. „Geht in Ordnung."

„Gut, dann zieh dir die Schuhe und deine Jacke an und komm mit!"

„Ja okay. Aber wo wollen wir denn hin?"

„Wir gehen in die Stadt und kaufen für Michael einen Bernhardiner."

Eine schottische Familie isst im Restaurant.

Der Familienvater winkt den Kellner an den Tisch und sagt: „Die Fleischreste, die übrig geblieben sind, packen sie mir bitte ein, die nehmen wir für den Hund mit."

Die Kinder jubeln: „Toll! Vati kauft uns einen Hund!"

Ein kleine Indianer-Junge meint zum Häuptling: „Warum haben wir denn alle so schöne Namen?"

„Nun ja, das ist so: Wenn ein neuer Indianer-Junge die Sonne erblickt, dann schauen wir in die Natur und sehen, was eben passiert. Und so finden wir einen schönen Namen für jeden Jungen und jedes Mädchen unseres Dorfes."

„Deshalb heißt deine Schwester auch Aufgehende-Sonne.", meint der Vater des kleinen Indianer-Jungen. Als der nicht reagiert, setzt er nach: „Hast du das verstanden, Hund-der-einen-Haufen-Macht?"

Als ein Mann sein Stammlokal verließ, beobachtete er eine ungewöhnliche Begräbnis-Prozession, die sich dem nahe gelegenen Friedhof näherte. Einem ersten Sarg folgte im Abstand von fünfzehn Metern ein zweiter. Hinter dem zweiten Sarg ging allein ein Mann mit seinem großen Pitbull, gefolgt von 200 Männern.

Der Mann konnte seiner Neugier nicht widerstehen. Er näherte sich respektvoll dem Mann mit dem Hund. „Ich möchte ihnen mein Beileid aussprechen. Sie sind sicherlich traurig über ihren Verlust. Bitte entschuldigen sie. Ich weiß, es ist jetzt sicherlich nicht angebracht. Ich möchte sie auch nicht lang stören. Ich habe nur eine kleine Frage bitte. Ich habe noch nie so ein Begräbnis gesehen. Darf ich fragen, wessen Begräbnis es ist?"

Der Mann antwortete: „Kein Problem. Sie stören nicht. Im ersten Sarg befindet sich meine Frau."

„Ah okay. Das tut mir leid. Was ist mit ihr geschehen?"

„Mein Hund hat sie angegriffen und mehrmals gebissen. Sie verstarb leider."

Der Fremde erkundigte sich weiter: „Oh wie schlimm. Und darf ich fragen, wer sich im zweiten Sarg befindet?"

Der Mann antwortete: „In dem Sarg liegt meine Schwiegermutter. Sie versuchte, meiner Frau zu helfen. Aber der Hund griff auch sie an, biss sie mehrmals. Sie verstarb leider ebenfalls."

„Oh. Kann ich mir mal den Hund borgen?"

„Ja, das geht in Ordnung. Aber stellen sie sich bitte hinten an."

Zwei Nachbarn treffen sich auf der Straße.

Der eine ist ganz erbost und meint: „Ihre Katze hat meinen Rottweiler getötet."

Der andere: „Was? Unmöglich. Meine herzallerliebste, kleine Minka? Dieses süße Kätzchen kann doch keiner Fliege etwas zu leide tun. Unmöglich! Das glaub ich jetzt aber nicht."

„Doch! Es stimmt. Mein Hund ist an ihr erstickt."

Egon erzählt seinem Freund Paul: „Im ersten Ehejahr begrüßte mich mein Hund mit lautem Gebell und meine Frau brachte mir die Hausschuhe."

Fragt Paul: „Na, und wie ist es heute? Hat sich so viel geändert?"

Egon lässt die Schultern hängen. „Ja leider. Heute ist es genau umgekehrt!"

Kommt ein Dalmatiner zur Kasse.

Fragt die Verkäuferin: „Sammeln sie Punkte?"

Respekt. Deine Mutter kann Geschlechtskrankheiten von Hunden und Katzen am Geschmack erkennen.

Steward zum Kapitän: „Herr Kapitän, wir haben einen blinden Passagier an Bord. Was sollen wir mit dem machen?"

„Aber Steward! Was für eine Frage! Wo haben sie denn gelernt? Werfen sie ihn sofort über Bord!"

Etwa 10 Minuten später kommt der Steward wieder und fragt den Kapitän: „Herr Kapitän, und was machen wir jetzt mit dem Hund?"

Ein Wachhund meint zum andern: „Hörst du nichts?"

„Doch."

„Und warum bellst du dann nicht?"

„Na, dann höre ich nichts mehr ..."

Der Papst unterhält sich mit einem Bischof: „Mein Sohn, eine solch hübsche Haushälterin und ein Doppelbett? Wie passt denn das zusammen? Was tust du, mein Sohn, wenn dich die Fleischeslust einmal überfällt? Wie gehst du in einer solchen Situation damit um?"

Der Bischof winkt ab und lächelt: „Da müssen sie sich keine Sorgen machen, Heiliger Vater. Ich rufe meinen Hund und gehe mit ihm einige Stunden spazieren. Wenn die Anzeichen sich legen, gehen wir wieder nach Hause."

„Ah sehr schön." Der Papst ist sichtlich zufrieden. „Und was tut deine Haushälterin, wenn sie die Fleischeslust einmal überfällt?"

„Ach ganz einfach. Dann ist sie an der Reihe, den Hund ein wenig auszuführen."

Der Papst nickt zufrieden. „Sehr schön, sehr schön. Und wenn euch beide einmal gleichzeitig die Fleischeslust heimsucht? Was dann?"

„Auch daran haben wir gedacht, Heiliger Vater. Mittlerweile kennt der Hund den Weg ganz alleine."

Fragt das kleine Fritzchen: „Papa, hast du Angst vor einem großen Hund?"

„Natürlich nicht"

„Auch nicht vor einem wilden Löwen?"

„Nicht im geringsten!"

„Aha, dann doch nur vor der Mama!"

„Lesen sie mal die Zahlen da vor!"

„Welche Zahlen?"

„Na, die an der Tafel da."

„Welche Tafel?"

„Die an der Wand hängt!"

„Welche Wand?"

„Mein Herr, sie brauchen keine Brille, sie brauchen einen Blindenhund."

„Was soll ich denn mit einem blinden Hund? Der kann auch nicht lesen!"

Ein Schotte rechnet die Haushaltsausgaben durch. Er wiederholt es dreimal, seufzt dann und meint zu seiner Frau mit hängenden Schultern: „Es hilft nichts, der Hofhund muss weg. Ab morgen muss ich selber bellen."

Es war einmal ein Schäfer, der in einer einsamen Gegend seine Schafe hütet. Plötzlich taucht in einer großen Staubwolke ein nagelneuer grauer Sportwagen auf und hält direkt neben ihm. Der Fahrer des Wagens, ein junger Mann in Brioni-Anzug, Cerruti-Schuhen, Ray Ban-Sonnenbrille und einer YSL-

Krawatte steigt aus und fragt ihn: „Wenn ich errate, wie viele Schafe sie haben, bekomme ich dann eins?"

Der Schäfer schaut den jungen Mann an, dann seine friedlich grasenden Schafe (es ist eine große Herde) und sagt ruhig: „In Ordnung."

Der junge Mann parkt den Sportwagen, verbindet sein Notebook mit dem Handy, geht im Internet auf Google Earth, scannt die Gegend zusätzlich mit Hilfe seines GPS-Satellitennavigationssystems, öffnet eine Datenbank und 60 Excel-Tabellen mit einer Unmenge Formeln. Schließlich druckt er einen 150-seitigen Bericht auf seinem Hi-Tech-Minidrucker, dreht sich zu dem Schäfer um und sagt: „Sie haben hier exakt 1586 Schafe."

Der Schäfer sagt: „Das ist richtig, suchen sie sich ein Schaf aus."

Der junge Mann nimmt ein Schaf und lädt es in den kleinen Kofferraum des Sportwagens ein.

Der Schäfer schaut ihm zu und sagt: „Wenn ich ihren Beruf errate, geben sie mir das Schaf dann zurück?"

Der junge Mann antwortet: „Klar, warum nicht."

Der Schäfer sagt: „Sie sind ein Unternehmensberater."

„Das ist richtig, woher wissen sie das?", will der junge Mann wissen.

„Sehr einfach.", sagt der Schäfer. „Erstens kommen sie hierher, obwohl sie niemand gerufen hat. Zweitens wollen sie ein Schaf als Bezahlung haben dafür, dass sie mir etwas sagen, was ich ohnehin schon weiß, und drittens haben sie keine Ahnung von dem, was ich tue. Und jetzt geben sie mir meinen Hund zurück!"

„Wie geht's denn ihrem Mann, Frau Kunze?", fragt die Nachbarin.

Frau Kunze seufzt und meint: „Gar nicht so gut. Gar nicht so gut."

„Wieso das denn? Was ist passiert?" Die Nachbarin spitzt die Ohren.

Frau Kunze seufzt nochmal und meint dann: „Ach er kam gestern völlig nüchtern von der Treibjagd nach Hause. Da hat ihn unser Jagdterrier nicht erkannt und gleich gebissen."

Zwei Dackel unterhalten sich beim Gassi gehen. „Du, wenn ich noch einmal auf die Welt komme, dann möchte ich gerne ein Mensch sein.", sagt der jüngere der beiden Hunde zu seinem älteren Freund.

„Mann oder Frau?", fragt ihn der Ältere.

„Natürlich als Mann!"

„Ach.", seufzt sein Freund. „Dann bist du auch wieder nur der Dackel."

Das Telefon klingelt. Der Beamte hebt ab. „Meier. Ja bitte. Was kann ich für sie tun?"

Die Stimme am anderen Ende der Leitung sagt: „Hallo, ist dort der Tierschutzverein? Kommen sie sofort her! Bei mir sitzt ein unverschämter Briefträger auf dem Baum und bedroht meine Dogge."

Ein Kunde im Supermarkt: „Haben sie in ihrem Saftladen auch Hundekuchen?"

Die Verkäufer darauf: „Natürlich. Soll ich ihn einpacken oder essen sie ihn gleich hier?"

Petra zu ihrer Freundin Monika: „Stell dir vor, dein Mann erzählt überall rum, er führe daheim ein Hundeleben!"

Monika darauf: „Stimmt doch auch."

„Wieso das denn?"

„Werner kommt mit schmutzigen Füßen ins Haus, macht es sich vorm Ofen bequem und wartet dann aufs Essen!"

Ein Wolfshund und ein Ameisenbär begegnen sich. Fragt der Ameisenbär:

„Was bist du denn für ein Tier?"

„Ich bin ein Wolfshund. Mein Vater ist ein Wolf und meine Mutter ist ein Hund. Und du?"

„Ich bin ein Ameisenbär."

„Ach komm, das glaubst du doch selbst nicht!"

Wie heiß der chinesische Dieb?

Lang Fing.

Wie heißt der chinesische Polizist?

Lang Fing Fang.

Wie heißt der chinesische Polizeihund?

Lang Fing Fang Wau.

Wie heißt die Hütte des chinesischen Polizeihundes?

Lang Fing Fang Wau Bau.

Gerhard kommt zum ersten Mal in eine Bar und bemerkt auf einem Regal einen riesigen Glaskrug, gefüllt mit unzähligen 50-Euro-Scheinen.

Er fragt den Barkeeper: „Entschuldigung, was hat es denn mit dem Glas voller Geldscheine auf sich, das muss ja ein Vermögen sein?"

Barkeeper: „Wer einen Fünfziger einzahlt und drei Aufgaben bewältigt, der bekommt den Krug samt Inhalt."

Gerhard: „Und was sind das für Aufgaben?"

Barkeeper: „Nein, nein, erst zahlen, dann stelle ich die Aufgaben!"

Gerhard ist neugierig und rückt einen Fünfziger raus.

Der Barkeeper stellt die Aufgaben: „Erstens: Du musst diesen 2-Liter-Krug mit Tequila auf ex austrinken, ohne abzusetzen und du darfst keine Miene verziehen. Zweitens: Hinten im Hof ist mein Pitbull angekettet, der hat einen lockeren Zahn. Den musst du mit bloßen Händen ohne Hilfsmittel ziehen. Drittens: Im ersten Stock wohnt meine 80-jährige Oma, die hatte in ihrem Leben noch nie guten Sex. Da musst du ran!"

Gerhard: „Du spinnst wohl, das schafft doch kein Mensch!"

Barkeeper: „Na gut, dann kommt der Fünfziger ins Glas."

Etwas verärgert trinkt Gerhard ein paar Erdinger und mit dem Alkoholspiegel steigt auch sein Mut. Er denkt sich: 'Ein Fünfziger ist ein Fünfziger, ich pack das jetzt!' Er ruft dem Barkeeper zu: „He Alder, wwoooo ischn nu deine Tequila Flllasche?"

Der Wirt gibt ihm den 2-Liter-Krug. Gerhard setzt an und beginnt zu schlucken. Tränen rinnen ihm schon aus den Augen, sein Kopf wird rot, aber er verzieht keine Miene und er trinkt den Krug wirklich auf einmal aus! Applaus bricht in der Bar aus und Gerhard schwankt hinaus in den Hof zur zweiten Aufgabe.

Plötzlich hört man in der Bar Kampfgeräusche. Bellen, Jaulen,

Kratzen, Schreien. Stille. Dann torkelt Gerhard zur Tür herein, die Kleider zerfetzt, übersät mit Biss- und Kratzwunden, die Menge tobt!

Als der Applaus abgeklungen ist, ruft er: „So, das wäre geschafft! Und wo ist jetzt die 80-jährige Oma mit dem lockeren Zahn?!"

Der Lehrer erklärt den Kindern in der Schule den Begriff „Steuern".

Lehrer: „Die Lohnsteuer ist eine direkte Steuer. Sie wird dem Arbeitnehmer direkt vom Lohn abgezogen. Wer kennt eine indirekte Steuer?"

Fritzchen: „Die Hundesteuer!"

Der Lehrer ist erstaunt: „Wieso das denn? Wie kommst du dadrauf?"

Fritzchen antwortet: „Na die Hundesteuer wird nicht direkt vom Hund bezahlt!"

Was ist der Unterschied zwischen einem erfolgreichem und einem erfolglosen Jäger?

Der erfolgreiche Jäger hat den Hasen im Rucksack, die Büchse geschultert und neben ihm steht der Hund.

Der erfolglose Jäger hat den Hasen im Bett, die Hand an der Büchse und der Hund steht nicht!

Fritzchen macht Hausaufgaben.

Fritzchen: „Du Papa, wie schreibt man Sex? Mit x oder ks?"

Papa: „Mit x."

Fritzchen: „Du Papa, schreibt man Sperma mit b oder mit p?"

Papa: „Mit p!"

Fritzchen: „Du Papa, wie schreibt man Vorhaut? Mit t oder d?"

Papa: „Na sag mal! Was schreibst du denn da für einen Aufsatz? Und das mit 7 in der zweiten Klasse! Das möchte ich jetzt aber gern mal wissen!"

Fritzchen antwortet ganz unschuldig: „Unsere Lehrerin hat gesagt, wir sollen als Hausaufgabe einen Aufsatz über unseren Hund schreiben."

Papa: „So? Und das machst du gerade? Wirklich? Aber sei ehrlich!"

„Natürlich. Ich schreibe über unseren Hund. Was denkst du denn?"

„Na, dann lies mir doch mal vor, was du bis jetzt geschrieben hast!"

Fritzchen liest: „Unser Hund ist sex Jahre alt. Und wenn wir mit dem Auto fahren, dann sperma ihn hinten rein, damit es ihn beim Bremsen nit vorhaut."

Ein Einbrecher steigt durch das Fenster in ein Haus, als er eine Stimme hört: „Jesus sieht dich."

Verwirrt blickt er sich um. Er sieht aber niemanden. Er beginnt wertvolle Gegenstände zu suchen und sie in seinen Rucksack zu stopfen.

Bald darauf ertönt wieder die Stimme: „Jesus sieht dich."

Diesmal fragt der Einbrecher: „Wer bist du und warum sagst du das ständig?"

Da taucht ein Papagei aus der Dunkelheit auf: „Guten Tag. Ich bin Moses."

„Aha. Wer nennt seinen Papagei denn bitte Moses?"

„Der gleiche Mann, der seinen Rottweiler-Pitbull-Mischling Jesus nennt."

Die Lehrerin fragt im Biologieunterricht: „Liebe Kinder, was ist weiß und hat zwei Beine?"

Eine Schülerin antwortet: „Ein Huhn."

Lehrerin: „Richtig liebe Kinder, sehr gut. Es könnte aber auch eine Gans sein. Die nächste Frage. Überlegt genau. Was ist schwarz und hat vier Beine?"

Schüler: „Ein Hund."

Lehrerin: „Richtig liebe Kinder. Sehr gut. Es könnte aber auch eine Katze sein."

Darauf meldet sich Fritzchen.

„Ja bitte, Fritzchen. Was möchtest du?"

„Darf ich auch einmal eine solche Frage stellen?"

„Sehr gern."

Fritzchen strafft sich und fragt: „Frau Lehrerin. Was ist hart und trocken, wenn man es reinsteckt, und klein und glitschig, wenn man es rausnimmt?"

Der Lehrerin rutscht die Hand aus. Sie knallt Fritzchen eine.

Der Bub meint mit roter Backe: „Richtig, Frau Lehrerin. Sehr gut. Es könnte aber auch ein Kaugummi sein."

Zwei Freundinnen treffen sich im Park: „Oh, ich fürchte", sagt die eine zu ihrer Freundin, „du bist in was getreten."

Die andere winkt ab. „Ich weiß, das sind die Hinterlassenschaften von 'nem Pudel im Park."

„Ja okay. Aber willst du es denn nicht abwischen?"

„Nein, nein, noch nicht."

„Wieso das denn? Ist doch voll eklig!"

„ Ja, aber mein aufgeblasener Yuppieboss kommt mich gleich

in seinem neuen Coupe abholen!"

Tarnübung bei der Bundeswehr. Meier steht als Baum verkleidet still und starr auf einer Grünfläche.

Nach einigen Stunden kommt der Ausbilder zur Inspektion und sagt: „Gefreiter Meier!"

„Ja hier."

„Meier, sie haben sich bewegt!"

Darauf der Gefreite: „Wieso? Das kann gar nicht sein. Als der Hund mir ans Bein pinkelte, hab ich mich nicht bewegt. Als mir das Liebespaar ein Herz in den Hintern geritzt hat, hab ich mich nicht bewegt. Erst als dann noch die zwei Eichhörnchen meine Hosenbeine hochgeklettert sind und das eine zum anderen sagte: 'Die zwei Haselnüsse essen wir jetzt und den Tannenzapfen nehmen wir mit', da habe ich mich bewegt!"

Gott und Petrus wollen Golfspielen.

Gott macht den ersten Schlag.

Da kommt plötzlich ein großer Hund angelaufen, springt hoch und schnappt den Ball mitten im Flug. Dann schießt ein Adler aus den Wolken herab, greift den Hund mitsamt dem Ball und steigt wieder hoch. Danach kracht ein Blitz aus den Wolken herab, zerfetzt den Adler und den Hund. Der Ball fällt dabei genau ins Loch.

Fragt Petrus kopfschüttelnd: „Also was jetzt? Spielen wir Golf oder blödeln wir nur so rum?"

Die Doggen eines Architekten, eines Chemikers und eines Filmregisseurs sitzen vor ihren Frolics.

Die Architektendogge baut daraus ein Gebäude mit Haupthaus, Seitenflügel und Garage. Dann frisst sie alles auf.

Die Chemikerdogge zerstößt die Frolics mit einem Mörser, vermischt sie miteinander, löst sie in diversen Flüssigkeiten, erhitzt, filtriert und destilliert sie und frisst sie dann auf.

Die Filmregisseursdogge pulverisiert die Frolics mit einer Rasierklinge, zieht sie sich mit einem zusammengerollten Hunderter in die Nase und brüllt genervt: „Ich kann so nicht arbeiten!"

Die coolsten und schrägsten Sprüche über Hunde – Ideal fürs T-Shirt

Es gibt jede Menge T-Shirts mit lustigen und manchmal auch sehr schrägen Sprüchen. Einige davon richten sich auch an Hundeliebhaber. Die coolsten, frechsten und lustigsten Sprüche habe ich Ihnen hier zusammengestellt:

Ich liebe es, wenn mein Herrchen mit mir Gassi geht.

Wenn ich zu meinem Hund sage, komm her oder nicht – dann kommt er her oder nicht.

Mein Hund hört aufs Wort! Nur nicht auf meines.

Schwiegermutter und Rottweili mögen sich sehr. Sie rennen immer zusammen durch den Garten und bellen und schreien so als würden sie zusammen singen.

Wenn dieses Shirt noch nicht schmutzig ist, war ich noch nicht Gassi.

Wenn der Hund zu lang kaut, war die Katze noch nicht durch.

Vorsicht vor der Mutter! Der Hund ist harmlos.

Mein Hund beißt nicht! Er hat Geschmack.

Schwiegermutter, Schwiegermutter, warum rennst du denn so? Wuff, wuff!

Mein Hund bettelt nicht. Er schaut nur intensiv und schaukelt im Wind.

Warum leckt der Hund seine Eier? Weil er's kann!

Mir reicht's jetzt! Ich geh Gassi!

Kalter Hund ist ungesund! Warum? Schon mal warme Katze probiert?

Beißt ihr Hund? Nein. Das ist gar nicht mein Hund.

Ein Haus ohne Hund ist wie ein Aquarium ohne Fische.

Mein Hund liebt Kinder. Er schafft nur kein Ganzes.

Vorsicht vor dem bisschen Hund!

Vorsicht! Mein Hund hat heute schon einen Clown gefrühstückt!

Husky Opa – der ist wie ein normaler Opa. Nur noch cooler!

Mit Hunden wollte der liebe Herrgott sich vor all den nervigen Menschen entschuldigen

Das da auf meinem T-Shirt sind keine Hundehaare. Das ist Rotweiler-Glitzer.

Vorsicht mein Freundchen! Mein Hund hat noch die Haare deiner Großmutter zwischen seinen Zähnen!

Manchmal wünschte ich mir auch diesen Vier-Pfoten-Antrieb beim Wandern!

Ich will nur Bier trinken und dann abhängen mit meinem Labrador

Mein Hund kann fast alles – außer auf mich hören

Reißfeste Jeans – mein Hund beißt sich überall durch!

Mein Hund zieht nie an der Leine – er geht nur schneller

Ich kann nicht! Mein Hund hat nein gesagt

Das Leckerli des Mannes heißt Bier

Die Post hat uns gekündigt. Unser Waldi hat schon 6 Briefträger verbraucht

Sieh dich vor! Wir haben einen MOPS

Ich weiß nicht. Da muss ich erst meinen Hund fragen!

Lass dich mal beißen! Meinem Hund ist gerade langweilig

Vorsicht! Bissiges Frauchen!

Ich muss das Bier trinken! Mein Hund erkennt mich nur, wenn ich nicht nüchtern bin

Quatsch mich nicht voll! Sag's meinem Hund!

Andere gehen zur Therapie! Ich geh mit meinen Hund in den Park.

Ich bin zwar nicht perfekt – aber mein Hund liebt mich

Die meisten Hunde haben Besitzer – mein Hund hat Personal

Mein Hund hört hervorragend – es ist ihm nur egal, was ich sage

Ob mein Hund gefährlich ist – weiß ich nicht. Unser Nachbar hat es versucht herauszufinden. Er wird immer noch vermisst

Nein wir sind noch allein – mein Hund ist allergisch gegen Kinder

Schreien sie doch nicht so! Warten sie doch, bis der Hund aufgegessen hat!

Wir mussten die Kinder ins Heim geben. Der MOPS war allergisch gegen Kinder

Keine Angst. Mein Pudel beißt nicht. Er hat Geschmack

Ohne ein paar Landser-Haare ist man nicht richtig angezogen

Frau Nachbarin – Ihre Katze hat geschmeckt!

Was haben Alf und mein Hund gemeinsam – wir haben Katzen zum Fressen gern!

Briefträger oder Großmutter – wer rennt schneller?

Hilfe schreien bringt nichts! Der Hund versteht deine Sprache sowieso nicht.

Kurioses, Erstaunliches, Verrücktes und völlig Unwichtiges aus der Welt der Hunde

Blättert man durch die Nachrichten- und Boulevardmagazine dieser Welt und stöbert man ein wenig herum, entdeckt man eine große Vielfalt von schier unglaublichen Begebenheiten rund um unseren Hund. Folgen Sie mir doch einmal auf eine Reise nach Hunde-Absurdistan …

Hundenamen aus aller Welt

Ein Magazin im Internet suchte nach den 30 meist verwendeten und absurdesten Hundenamen. Heraus kam die folgende Liste:

Beißi

Kackmaschine

Fifififi

Töle

Xyzlxyzwqpf

Juliane Reichelt

Wauwau

Gassi

Pinkella Rosenglanz

Axialwellendichtung

Der verdammte Hund

Ööööööööööööö

Kategorischer Imperativ

Zöglfrex

Buddeline

Frechi Frechenstein

Wuffgang

Turboknochen

Gulasch

Rhinozeros

Plenasmus

Zahnarzt

Angstschweiß

Vuvuzela

Timmy (9)

Sabberina

Wurstpelle

Flums

Knöddelhannes

Natürlich ist diese Liste allergrößter Blödsinn. Die echten Top-10 der beliebtesten Hundenamen in Deutschland sind:

- Luna

- Max

- Kira

- Lucky

- Bella

- Nala

- Emma

- Lucy

Okay. Klingt nett – aber uninteressant und absolut nicht witzig. Mit echtem Wissen möchte ich Sie hier gar nicht erst langweilen. Aber hier die beliebtesten Hundenamen in Island:

- Alvar

- Jarle

- Björn

- Einar

- Elvar

- Flóki

- Odin

- Fenrir

- Hildur

- Ragnar

- Aki

- Leif

- Beorn

- Jörge

Die nordischen Hundenamen haben übrigens alle eine Bedeutung. Da macht man es nicht wie bei Columbo und nett seinen Hund einfach „Hund". Nein, da steht „Akryn" für „des Königs Sohn".

Aha. Es wär wohl richtiger gewesen, wenn es des Königs Hund gewesen wäre. Aber da war dann wohl auch ein, zwei Horn zu viel Met mit im Spiel.

„Bein" und „Alf" sind übrigens auch gebräuchliche und beliebte Hundenamen, ebenso wie „Ingrid".

Ein sehr bekannter und beliebter Hundenamen in den nordischen Ländern ist „Garth". Der Name steht für Garten. Wer würde in Deutschland seinen Hund „Garten" nennen. Okay. Andere Länder, andere Sitten. Mit persönlich gefällt dann „Gunther" und „Astrid" etwas besser.

Vor allem unterscheidet man in Island bei der Vergabe eines Namens für den Hund nicht zwischen männlichen und weiblichen Hunden. Sie können also durchaus den männlichen, saugefährlich aussehenden Rottweiler „Ingrid" nennen, auch wenn es ein Männchen ist.

Auch sie mögen keinen nordischen Hundenamen für ihren vierbeinigen Freund vergeben. Okay. Dann vielleicht einen der folgenden russischen Hundenamen:

- Alek

- Anoushka

- Arkady

- Boris

- Demyan

- Evia

- Fredek

- Gasha

Auch hier haben die Namen eine Bedeutung. Da hat man sich wohl etwas nach dem Charakter des vierbeinigen Freundes gerichtet. „Demyan" steht für „Der Ruhige". Der Name „Gasha" bedeutet „gut". Aber den Vogel schießt „Alek" ab. Das steht für „Verteidiger der Menschheit". Welchen Charakterzug das beim Hund zeigen soll? Vielleicht seine Treue? Kann sein. Für mich klingt das eher ein wenig nach

Transformers oder irgendwas aus den Marvel-Filmen.

Die Inuit nannten ihre Hunde übrigens Koda, Lakota, Nashoba oder Mikasi.

Denkspiele für Hunde – Interessant, schräg und unnütz

Mehr Agility, Spaß und Intelligenz mit tollen Büchern und 111 spannenden Denksportaufgaben. Das hält den Hund fit und er bleibt gesund und schau. Nur leider hat kein Vierbeiner ein Konto bei Amazon und lesen wird er es auch nicht. Wozu also diese tollen Bücher?

Der Hund braucht mehr Aufgaben, als nur Pfötchen geben und „Sitz!" befolgen. Es erwartet dem Vierbeiner ein „breitgefächertes Spektrum an Indoor- und Outdoor-Beschäftigungen". Vorbei sind die Zeiten, an denen er schwanzwedelnd auf Herrchen gewartet hat und durch den Garten gerast war, um Stöckchen zu holen, einen Ball hinterherzujagen oder auch ein Plastiktier zu zerteilen.

Und es ist natürlich wichtig, dass Sie die „Spielepräferenzen jeder Hunderasse kennen". Klar.

Sie müssen dann natürlich auch Touch-, Stups-, Zieh- und Nimm-Signale unterscheiden und die verschiedenen Fährtensuch- und Schnüffelspiele mit Ihrem Vierbeiner durchführen. Es gibt daneben auch noch Jagd- und Beutespiele, Bewegungsspiele, Outdoor- und Indoorspiele. Außerdem sind da noch die Futterspiele, die Tauch- und Wasserspiele, Intelligenz- und Denkspiele und die Balancespiele. Bei all den Spielen braucht man sicher ein Buch. Nicht mal ein Mensch kann sich das merken, geschweige denn ein Hund.

Die verschiedenen Bücher unterschieden sich eher vom Stil und einigen wenigen Einführungskapiteln. Die eigentlichen Denksportaufgaben sind ähnlich. Sie finden dazu auch einige Webseiten im Internet – falls Ihr Hund eher im Internet unterwegs ist und nicht so in Bibliotheken und Buchläden.

Und wie sind solche Spiele nun? Hm …

Beim Spiel „Zahnlos in Seattle" wird eine Zahnprothesendose als Leckerli-Versteck verwendet. Und der Hund muss es aufbekommen. Vorher kommt an die Dose eine Schleife und dann in die Dose die Wurst. Und schon geht's los.

2018 hat man eine Studie an Tierheimhunden durchgeführt und festgestellt, dass den Tieren Gerüche wie Ingwer, Baldrian und Vanille dazu verleiteten, weniger zu bellen. Wahrscheinlich war es den Tierheimbetreuern mit ihren Vierbeinern etwas zu laut geworden.

Hunde müssen sensorisch ausgelastet werden. Nun ja … vielleicht reicht es ja auch, sie jeden Tag durch den Park zu führen.

Verneigen vor dem Hund des Königs – Der thailändische König und seine Hunde-Marotten

Der thailändische König und sein Hund. Das ist eine ganz besondere Geschichte. Sicherlich ist es normal, wenn edle, wohlgeborene (und stinkreiche) Herrschaften einen Hund oder ein anderes Haustier ihr Eigen nennen. Sicherlich ist es auch normal, wenn es diesen Vierbeinern gutgeht, sie verwöhnt werden und sie auch sehr oft durch die Presse gezogen werden. Aber die Storys vom thailändischen König und seinen Vierbeiner sind schon etwas Besonderes.

Sie müssen sich grundsätzlich nicht nur vor dem König verneigen, wenn Sie diesen gegenüberstehen oder bei einem Empfang ihm entgegentreten, sondern auch vor dem Hund. Es ist ein königlicher Hund. Da gehört sich das so.

Bereits der Vorgänger König Bhumibol verehrte seinen Hund Thong Daeng über alles und stellte Witze und abfällige Bemerkungen über den Vierbeiner unter Strafe. Ein Witz über seinen Hund entsprach einer Majestätsbeleidigung und wurde mit 37 Jahren Gefängnis bestraft. Nun denken Sie sich aber nicht, dass eine solche Strafe nur eine Androhung war. Sie wurde mit aller Härte praktiziert. Doch muss man wissen, dass das thailändische Volk Bhumibol verehrte und auch jetzt, viele Jahre nach seinem Tod noch verehrt. Der Nachfolger wird eher akzeptiert als geliebt.

Die Sache ist ernst. Aber nicht jeder nimmt derartige Aussagen für voll. So auch der Fabrikarbeiter Thanakorn Sripaiboon. Der Thailänder fand bei Facebook ein mit einem Grafikbearbeitungsprogramm bearbeitetes Bild des Hundes von Bhumibol. Er klickte einmal kurz auf „Gefällt mir" und teilte das Bild mit seinen Facebook-Freunden. Ein paar Tage später wurde Herr Sripaiboon verhaftet und wegen Majestätsbeleidigung angeklagt. Er erhielt auch noch Anklagen wegen Computer-Kriminalität und Rebellion. Er war wohl etwas zu kritisch. Der Mann kam aber mit einem blauen Auge davon. Er wurde unter Auflagen für eine hohe Kautionssumme freigelassen.

Zu Ehren des Hundes des Königs wurde ein Zeichentrickfilm und ein vom König selbst verfasstes Buch veröffentlicht.

Vor der Krönung des thailändischen Königs war selbstverständlich sein Hund schon befördert worden. Der Pudel seiner Majestät ist jetzt offiziell Luftwaffengeneral in Thailand. Das Hündchen heißt übrigens Fufu.

Der Hund war leider im Jahr 2015 verstorben. Eine Tochter des Kronprinzen hatte den Hund im Jahr 1997 zusammen mit anderen Hunden, einigen Kaninchen und einem halben Dutzend Hamstern auf einen bekannten Wochenmarkt in Bangkok erworben.

Fufu erlangte eine etwas umstrittene Berühmtheit, als bei einer

Geburtstagsparty die thailändische Königin, begleitet mit nur einem String-Tanga, den Vierbeiner mit der Geburtstagstorte fütterte. Dieses Video ging bei YouTube herum wie warme Brötchen.

Der Hund wurde auf Staatsbesuchen mitgeführt, trug eine eigene Abendgarderobe und war bei einem der Empfänge, nach den Berichten eines US-Außenministers, auf den Tisch gesprungen und hatte sabbernd die Wassergläser der Gäste ausgetrunken.

Fufu tauchte oft in München auf, wo sich der thailändische König aufhielt. Die Boulevardpresse berichtete von einem Hunde, der in Garderobe und türkisfarbenen Schühchen zum Gassi geführt wurde. Natürlich waren immer 14 Bodyguards dabei.

Nach dem Tod des Tieres im Jahre 2015 fand eine offizielle, mehrere Tage andauernde Trauerfeier in München statt.

Wörterbuch Hund–
Mensch/Mensch–Hund

Ein Wörterbuch für Menschen, die Hunde besser verstehen wollen? Ein Wörterbuch Hund-Menschen/Mensch-Hund? Das gibt es wirklich! Glauben Sie mir.

Das Buch ist bei Langenscheidt erschienen und listet nicht etwa die Bewegungen und das Gebell von Hunden auf und stellt dem gegenüber die richtigen Wörter, nein. Es ist ein nicht ganz ernstgemeintes Buch des Hundeflüsterers Martin Rütter.

Natürlich kann ich an dieser Stelle nicht die Inhalte wiedergeben und gar die Seiten kopieren. Das würde mir einen „Hundeärger" einbringen. Wer mag, kann auf Amazon oder einem Onlinebuchhändler nach dem Buch suchen und einen ersten Blick darauf werfen. Sie können es sich natürlich auch in Ihrer Lieblingsbuchhandlung bestellen. Vielleicht haben sie es sogar da! Ein Blick lohnt sich. Es ist ein köstliches Buch über das Nicht-Verstehen von Hund-Menschen-Beziehungen.

Wenn Sie sich einmal den Spaß machen und bei Google nach „Wörterbuch Hund Mensch" suchen, werden Sie einige ganz tolle Seiten finden, die das Verhalten von Hunden erklären. Der ein oder andere Hundeliebhaber wird nach dem Durchforsten seinen vierbeinigen Freund besser verstehen.

Warum Hunde als Geheimagenten ausgebildet worden und ein Hund 4 Jahre Bürgermeister war – Die kuriosesten und wirklich wahren Fakten über Hunde auf unserer Welt

Es gibt noch jede Menge interessante und völlig unwichtige Fakten zu Hunden. Neben diesen habe ich auch noch einige kuriose und zum Kopf-schütteln-anregende Dinge herausgegraben.

Wussten Sie, dass Hunde drei Augenlider besitzen? Das dritte Augenlid wird „Nickhaut" genannt und hat den Zweck, Fremdkörper fernzuhalten.

Es gibt in Deutschen einen Verein für Bürohunde. Der „Bundesverband Bürohunde e. V." möchte in die Büros mehr Hunde einbringen und so Überbelastungen, Burnout und psychische Erkranken vorbeugen. Nun ja, da geht es wohl nicht so sehr um den Hund. Vielleicht tun es ja auch ein paar Pflanzen.

In Moskau nutzen einige wilde Hunde die U-Bahn und lassen sich ein paar Stationen dahin fahren, wo es bessere Futterquellen gibt.

Der „Basenji" ist ein Hund, der nicht so bellt wie andere Hunde es tun, sondern eher jodelt. Dabei kommt er gar nicht aus Bayern.

Der Beatles-Song „A Day in the Life" endet mit einem Hochfrequenz-Pfeifton, den nur Hunde hören können.

In den USA sind Hunde erbberechtigt. Ungefähr eine Million Hunde erben nach dem Verscheiden ihres Herrchens dessen Vermögen. In Deutschland geht das leider nicht.

Eine Studie hat festgestellt, dass etwa 75 % der Deutschen ihren Hunden ein Geschenk zu Weihnachten geben. Das ist doch sehr nett, oder?

Der Norwegische Lundehund ist der einzige Hund, der an jeder Pfote sechs Zehen besitzt.

Der chinesische Kaiser hatte einen Pekinesen in seinem Gewand versteckt. Das kleine Hündchen war als letzte Verteidigung gegen Angreifer gedacht, falls die bis vor den Thron kommen sollten.

Blindenhunde werden so trainiert, dass sie ihr Häufchen auf Kommando machen. Auf diese Weise kann ihr Herrchen den Nachlass wegräumen.

Hunde wursten übrigens meist in Nord-Süd-Richtung und richten sich bei ihrem Geschäft an dem Magnetpol der Erde aus.

Zu Beginn des 20. Jahrhunderts jagte man in Paris Pudel durch die Abwasserkanäle und reinigte sie so.

Schweiß und Bakterien an den Hundepfoten erzeugt einen Geruch, der an Popcorn und Mais erinnert.

Jumpy ist der „schnellste Hund auf einem Skateboard". Er schaffte es, am 16. September 2013 eine Strecke von 100 Metern in 19,65 Sekunden zurückzulegen.

Einen schier unglaublichen Rekord hält der Labrador-Mischling Jimpa. Der Hund büxte auf einer Plantage in Australien aus und durchstreifte 14 Monate lang Australien. Jimpa legte 3.218 Kilometer zurück, um zurück zu seinem Herrchen zu kommen.

Der teuerste Hund der Welt wurde für 2 Millionen Euro verkauft. Auf einer chinesischen Luxus-Hunde-Messe erlangte ein goldfarbener Tibet-Mastiff diesen unglaublichen Preis. Angeblich soll der Hund Löwenblut in sich tragen. Aus diesem Grund war wohl der Preis so hochgegangen.

Snuppy war der erste Hund, den Wissenschaftler erfolgreich geklont haben. In Südkorea gelang es am 25. April 2005, die Zelle eines 3-jährigen Afgan Hounds in eine Labrador-Hündin einzusetzen. Bereits nach zwei Monaten kam das kleine Klon-Hündchen zur Welt und lebte immerhin ein ganzes Jahr.

Lobo, ein Alaskan Malamut gilt bis heute als der stärkste Hund der Welt. In den 70er Jahren zog der Hund einen 4.560 kg schweren Anhänger. Diesen Rekord hat bis heute kein anderer Hund geschafft und auch nicht überboten.

Der US-Geheimdienst versuchte Hunde, aber auch Delfine und Vögel, zu Spionen auszubilden. Dazu wurden speziell ausgebildete Tiertrainer angeworben, Programme zur Ausbildung der Tiere entworfen und spezielle Agentenziele ausgemacht. Das Ganze klingt ein bisschen nach Trickfilm-James Bond. Es ist aber wirklich wahr. Die CIA war besonders traurig, als der superausgebildete Rabe Do Da auf seinem ersten Einsatz einfach abhaute und nie wieder auftauchte.

Den Hunden wurden Gehirnimplantate in einer aufwendigen Operation eingesetzt. Damit sollten die Tiere „ferngesteuert" werden. Funktioniert hat es allerdings nicht. Darum wurden die Programme nach einigen Jahren aufgegeben.

Doch es gab durchaus auch „Militäreinsätze", bei denen Hunde ungewöhnliche Erfolge erzielte. Donald Trump erzählte sehr freizügig über die Einsätze, die zur Ergreifung des Terroristenführers des Islamischen Staates in Syrien geführt hatten. Wichtiges Mitglied der US-Spezialkräfte war der militärisch ausgebildete Schäferhund „Hund". Labertasche Trump erzählte Details der Geheimmission mit Textnachrichten bei Twitter und verriet so wichtige Details. Aber nicht alles verriet der Ex-Präsident. Denn bei einer Geheimoperation werden natürlich die Namen und Wohnorte der Beteiligten nicht so einfach ausgeplaudert. Wo kämen wir denn da hin, wenn jeder gleich weiß, dass Gustav Maier aus der 41. Straße in New York da immer mit hoppelte?! So wurden natürlich auch der Name und die Hunderasse des Schäferhundes nicht verraten. Ein Bild wurde dennoch veröffentlicht. Auf diese

Weise wurde – so wie bei Geheimdienstlern üblich – die Identität des Hundes geschützt. Man konnte ihn praktisch weder besuchen noch anrufen oder Briefe schreiben. General McKenzie erzählte bei einer Pressekonferenz, dass der „Hund" seit vier Jahren diente und bereits an mehr als 50 Einsätzen teilgenommen habe. In Bagdad wurde „Hund" bei einer Sprengung verschüttet und leicht verletzt. Der Schäferhund wurde ausgebuddelt und befreit, gesund gepflegt und durfte danach wieder an den Geheimeinsätzen teilnehmen.

Auch Hündin Lulu war bei der CIA angestellt gewesen. Doch der Geheimdienst der USA feuerte die Hündin. Sie musste ihren Dienst verlassen und ein normales Hundeleben führen ganz ohne Abenteuer, Soldaten und den ganzen Schnickschnack.

Die inzwischen arbeitslose Hündin hat die Aufgaben bei der Bombenspürsuche nicht zufriedenstellend lösen können. Nach mehreren Wochen Training hatte die Hündin immer noch keine Lust, die Aufgaben auszuführen und etwas zu lernen. Selbst der Einsatz von Futter und Hundespielzeug brachte Lulu nicht dazu, nach den Bombenverstecken zu schnüffeln. Offensichtlich fühlte sich das Tier bei dem Trainingsprogramm nicht wohl, berichtete ein Pressevertreter der CIA bei Twitter.

Die arbeitslose Lulu landete natürlich nicht auf der Straße, im Park, im Versuchslabor oder in einem Tierheim. Der Hundeführer der CIA, der bei dem Programm für die Schäferhündin verantwortlich war, adoptierte das Tier und nahm es mit zu sich nach Hause. Jetzt hat sie ein gemütliches und wohlbehütetes Heim und muss nicht mehr einen Schnickschnack üben, für den Hunde gar nicht gemacht sind. Oder haben Sie etwa im Wald schon einmal ein Rudel Wölfe beim Bombenverstecken und danach schnüffeln gesehen?

Jetzt im Garten der Familie des Hundeführers fühlt sie sich wohl, spielt im Garten und hat doch tatsächlich auch Spaß am Erschnüffeln von anderen Dingen. Dabei dreht es sich natürlich nicht um Sprengkörper, die die Kinder aus Spaß im Garten verbuddelt haben, sondern um Kaninchen und Eichhörnchen. Den wilden Gartenmitbewohner wird regelmäßig aufgelauert. Ihre Fährten werden erschnüffelt und anschließend werden die Tiere ganz nach Hundeart ordentlich durch den Garten gejagt.

Auch wenn die Hündin ihre Aufgaben in der CIA nicht ausgeführt hatte, wird sie von den Ausbildern vermisst. Sie haben Lulu ins Herz geschlossen und haben den Geheimdiensthund mit Tränchen in den Augen verabschiedet. Und wahrscheinlich erzählt das neue Herrchen bei einem Bierchen und einem Whisky manchmal die ein oder andere Geschichte, wie es Lulu geht und was die Hündin nun schon wieder angestellt hat.

Die CIA unterhält für ihre erfolgreichen Spionage-Hunde sogar eine eigene Ruhmeshalle. Das ist eine sehr schöne Sache, die den Hunden wahrscheinlich gar nichts bringt. Aber immerhin sind die Hunde mit einem Bild in einer Halle ausgestellt und es gibt auch eine Kupfertafel zu jedem Tier, auf dem aufgeführt ist, was der Geheimdiensthund schon Besonderes geleistet hat.

Die CIA-Hundestaffel gibt es seit 1991. Sie trägt den Namen „K9-Corps". Die Hunde sind so trainiert, dass sie (angeblich) bis zu 19.000 verschiedene Arten Sprengstoff erschnüffeln können. Die extra für diese Staffel und die interessierten Bürger angelegte Webseite wurde erst kürzlich wieder entfernt. Es sind ja schließlich Geheimdiensthunde. Da kann man nicht so einfach Infos in das Internet setzen und verweist freundlicherweise auf der Webseite auf Filme wie „Spy Kids". Ist übrigens jetzt kein „Gag". Es gab wirklich unter www.cia.gov eine solche Webseite. Natürlich finden Sie bei der Google-Suche nach „K9-Corps" noch jede Menge – Informationen – nein … Das ist doch eine Geheimstaffel. Sie finden jede Menge Pullis und T-Shirts. Die Aufschrift „Legendary K-9 Officer has retired" (der legendäre K-9 Offizier ist im Ruhestand) wird den Nachbarn wahrscheinlich nur ein Nicken abverlangen. Kein Mensch weiß, was sich dahinter verbirgt. Aber das gehört sich so. Sie wissen nichts – es ist ja geheim.

Max II ist der zweite offizielle Bürgermeister von Idylwild in Kalifornien. Die Vize-Bürgermeister sind Mitzi und Mikey. Ganz offiziell heißt der Hund „Maxismus Mighty-Dog Mueller der Zweite". Die Kleinstadt in den USA ist bekannt dafür, immer mal wieder einen Hund als Bürgermeister zu benennen.

Der Hintergrund ist nicht etwas zu viel Whisky oder ein anderes Substrat, das ein paar Kleinstädter zu sich genommen hatten. Es gibt auch keine Wette. Die Kleinstadt besitzt keine eigene Stadtverwaltung. Die Tierschutzorganisation Idyllwild

Animal Rescue Friends (Tierrettungsfreunde von Idyllwild) hat eine Spendenaktion ins Leben gerufen und in einer Aktion Geld dafür gesammelt, Katzen und Hunde in die Stadtverwaltung zu wählen und damit Tierfreunden eine besondere Ehre zu erweisen.

Natürlich muss auch ein tierischer Bürgermeister seinen Amtspflichten nachgehen. Er hält Besuche bei Einheimischen ab, besucht benachbarte Städte und Bürger aus Nachbarorten, nimmt an Geschäftsterminen teil, an den beiden jährlichen Paraden der Stadt und ist immer wieder auf Werbeplakaten zu sehen. Der Hund trägt immer eine ordentliche saubere Krawatte und die Medaille des Bürgermeisters.

Natürlich gibt es im Internet viele Fotos und Videos. Es gibt Presseberichte und der Hund tritt in TV-Sendungen auf.

Die wichtigsten Hunde-Feiertage

Hunde-Feiertage? Jawohl. Es gibt nicht nur einen „Tag des Hundes", sondern noch jede Menge andere Feiertage für den vierbeinigen Freund des Menschen. Bei einigen ist auch ein Erfinder überliefert und es gibt eine Geschichte und eine Bedeutung. Ob man die kennen und feiern muss, kann ich Ihnen nicht sagen. Ich habe die Feiertage einmal für Sie zusammengestellt und, so es etwas dazu zu erzählen gab, auch ein paar sicherlich sehr unwichtige Hintergrundinformationen dazu zusammengetragen.

Der 10. Oktober in jedem Jahr ist der „Welthundetag". Dieser Tag wird als Ehrentag des Hundes von allen Hundefreunden auf unserer schönen Erde gefeiert. Man ehrt den treuen Begleiter, sofern man das Datum und seine Bedeutung kennt und den Schnickschnack mitmacht. An diesem Tag gibt es besondere Leckerlis und vielleicht backt Herrchen einen Kuchen und singt dem Wauzi ein Liedchen. Wer es genau nehmen möchte, nennt den Tag natürlich auch „World Dog Day".

Ungewöhnlicherweise gibt es keine geschichtlichen Hintergründe zu diesem Feiertag. Jeder „Tag von irgendwas" wurde von einer Organisation oder einem berühmten Menschen irgendwann einmal ins Leben gerufen, international akzeptiert und mit einer Welle von Beschreibungen, Hintergründen und Bedeutungen belegt. Beim „Welttag des Hundes" gibt es aber keinen Erfinder, keinen Verein und keinen Beleg seit wann und warum es den Tag gibt.

Aber natürlich gibt es noch viel mehr „Hundefeiertage", die selbstverständlich „weltweit" gelten, ganz wichtig sind und unbedingt gefeiert werden. Der erste Februar ist der Tag von „Eddy, dem Eurasier Blindenhund". Bernd Grübe, wer kennt ihn nicht, hat 2018 diesen Tag ins Leben gerufen, um die Hunderasse Eurasier zu ehren.

Eddy ist der einzige Eurasier, der in Deutschland die Aufgabe eines Blindenhundes ausführt. Die Ausbildung erfolgte im Hundezentrum Münzer in Breitenbrunn.

Der nächste wichtige Hunde-Feiertag ist dann am 22. Februar. Dieser Tag ist der internationale „Gassi-gehen-Tag". In Amerika sagt man dazu dann „Walking the Dog Day". An dem Tag wird der Hund mal besonders liebevoll an die frische Luft geführt. Leider gibt es auch hier keine Information, wer und warum dieser Tag ins Leben gerufen wurde.

Hundebesitzer müssen sich nicht lang ausruhen. Der nächste Feiertag ist bereits einen Tag später. Der 23. Februar wird als „Internationaler Tag des Hundekuchens" gefeiert. Die US-Version heißt „International Dog Biscuit Appreciation Day". Auch hier gibt es keinen Erfinder und keine nähere Dokumentation zur Geschichte des Feiertages.

Der 23. März ist der „National Puppy Day" oder bei uns auch der internationale Tag der Hundewelpen. Hier werden die kleinen Racker gefeiert. Den Feiertag gibt es seit 2006. Er geht auf die Tierschützerin Colleen Page zurück. Die gute Fee nannte sich auch „Celebrity Pet und Lifestyle Expert und ist zehn Jahre fleißig gewesen, indem sie Ehrentage für Tiere erfunden und bekannt gemacht hat.

Am zweiten Juni-Wochenende wird bundesweit der „Tag des Hundes in Deutschland" gefeiert. Der Feiertag wurde vom Verband für das deutsche Hundewesen (VDH) ins Leben gerufen.

Der 26. Juni ist der „Take Your Dog to Work Day", auf Deutsch: der „Nimm-Deinen-Hund-mit-zur-Arbeit-Tag". Nun ja, der Arbeitgeber wird sich freuen.

Der 31. Juli und der 2. Dezember werden als „Tag des Mischlingshundes" gefeiert. Auch wenn's mal jemand anders sah, ist ein Hund ein liebes Tier und darf gefeiert werden.

Am 26. August feiern die USA ihren ganz eigenen „Tag des Hundes". Auch hier war die Tierschützerin Frau Colleen Page aktiv und hat diesen Tag ins Leben gerufen.

Der 13. September ist der „National Hug Your Hound Day". An diesem Tag feiern wir den „Umarme-deinen-Hund-Tag". Was man nicht alles feiern kann?! Der Feiertag wurde im Jahre 1999 von der US-Hundetrainerin Ami Moore in Chicago erfunden. Als Tierpsychologin, Trainerin und Autorin wollte sie mit dieser Aktion auf die tiefe und innige Verbindung zwischen Hund und Mensch hinweisen.

Zehn Tage später, am 23. September, wird der „National Checkers Day" gefeiert. Dieser „Tag des Hundes in der Politik" geht auf die Rede von Richard M. Nixon im Jahr 1952 zurück. Nixon wurde vorgeworfen, Spendengelder abgezweigt zu haben. Die Rede wurde im TV übertragen und in den USA von 60 Millionen Zuschauern gesehen. Nixon erklärte in seiner Rede, dass das einzige Geschenk, das er jemals erhalten und behalten hatte, sein schwarz-weißer Cockerspaniel „Checkers" gewesen sei. Natürlich habe er die kleine süße Hundedame nur behalten, um seiner Tochter eine Freude zu bereiten. Die recht umstrittenen Aussagen waren damals ein politischer Sieg. Nixon gewann mit seinen Aussagen und dem kleinen Hündchen die Herzen der US-Bürger. Ob er sich die Taschen mit Geldgeschenken vollgestopft hatte, interessierte danach keinen mehr.

Der 15. Oktober ist der internationale „Mops-Tag" (National Pug Day). Natürlich muss der kleine Vierbeiner mit dem Knittergesicht auch einmal ordentlich gefeiert werden. Auch hier ist die Tierschützerin Colleen Page schuld. Sie hat 2012 diesen Feiertag entworfen, durchgesetzt und bekannt gemacht.

Hunde vor Gericht

Einige der Vierbeiner erlegen gern einmal Etwas, stibitzen etwas oder stellen ungewollt irgendetwas Verrücktes an. Manchmal führt eine Kette von Ereignissen zu einem kleinen oder großen Unfall. Manchmal gibt es Bissspuren und andere Verletzungen. Hier und da landen derartige Vorkommnisse vor Gericht. Einige dieser Fälle und die dazu gehörenden Urteile habe ich hier einmal für Sie herausgesucht.

Hunde spielen gern und zerlegen manchmal auch etwas in der Wohnung. Ein Vierbeiner kam auf die Idee, mit den Klopapierrollen durch das Bad zu rennen, die Rollen zu zerreißen und sie im Waschbecken zu verteilen. Der Hund drehte dazu noch den Wasserhahn im Waschbecken auf und verursachte so, da das Wasser aufgrund des Klopapiers im Abfluss des Waschbeckens nicht ablaufen konnte, eine riesige Überschwemmung im Bad des Hundebesitzers. Das Wasser lief durch die Decke des Hauses und sorgte für eine schöne Überraschung beim darunter wohnenden Mieter. Der Wasserschaden war immens und der Vermieter wollte wohl diesen nicht ohne Weiteres auf seine Kosten beheben. Die Versicherung weigerte sich zu zahlen. Die ganze Sache ging vor Gericht. Das Gericht war auf Seite des Hundehalters und urteilte, dass es sich hier um eine unglückliche Verkettung von

Umständen handelte. Der Halter musste nicht zahlen.

Hundehalter sind ja oft miteinander befreundet und das umso mehr, wenn sie hier Hobby teilen und im gleichen Ort wohnen. So auch in dieser kleinen Geschichte. Die beiden Freunde ließen ihre beiden Rottweiler und einen Schäferhund zusammenspielen. Die Hunde tobten über die Wiese. Als der Spaß zu Ende sein sollte und die Hundebesitzer ihre Schützlinge wieder an die Leine nehmen wollten, wehrten diese sich und bissen um sich. Ungewöhnlicherweise waren die Rottweiler brav und der Schäferhund biss den Besitzer der beiden Rottweiler drei Mal in den Unterschenkel. Die Verletzung war schmerzhaft und der Mann hatte viel Blut verloren. Die Freundschaft war wohl auch beendet, denn die Sache landete vor Gericht. Das Gericht entschied, dem Geschädigten ein Schmerzensgeld zuzusprechen, dass der Besitzer des Schäferhundes zahlen musste. 600,- Euro musste er zahlen.

Bissverletzungen gibt es oft. Nicht jeder Hund ist brav. Das musste auch der Tierarzt in Celle spüren. Nach einer OP biss der Hund den Arzt. Der Hundehalter war nicht anwesend. Normalerweise würde auch hier der Hundehalter bestraft werden. Denn in Deutschland ist ein Hundebesitzer auch dann für sein Tier verantwortlich, wenn er abwesend ist. Doch in diesem Fall entschied das Gericht anders. Der Tierarzt hätte mit einem solchen Verhalten des Tieres rechnen müssen. Ihm wurde daher vom Gericht eine Mitschuld zugesprochen.

Es kann auch vorkommen, dass ein auf die Straße laufender

Hund einen Unfall verursacht. In einem solchen Fall muss der Halter des Tieres für den Schaden haften. Aber es kann bei einigen Verkehrsunfällen auch zu einer geteilten Haftung kommen. So wird die Schuld zwischen Hundehalter und Autofahrer aufgeteilt.

In einem Geschäft übersah eine hereinkommende Kundin einen vor der Tür liegenden Hund. Sie fiel über den Vierbeiner und verletzte sich. Prompt zeigte sie den Hundehalter an und klagte auf ein Schmerzensgeld in Höhe von 15.000 Euro. Sie werden jetzt wahrscheinlich eine schräge Pointe erwarten. Nein. Das Gericht gab der Frau recht und der Hundehalter musste an sie den Betrag von 15.000 Euro zahlen. Auch hier war der Halter für das Tier zuständig.

Die sogenannte „Tierhalterhaftung", also die Haftung des Hundehalters bei Schäden oder Bissen, ist auch dann zu leisten, wenn der Hund in einer Tierpension abgegeben wird und einen der Betreuer beißt. Das ist insofern schräg, dass der Besitzer seinen Hund in eine solche Pension abgibt, weil er in Urlaub fährt, auf Geschäftsreise oder zu einem anderen Termin. Und weil er aus diesem Grund keine Zeit für die Betreuung und Pflege des Hundes hat. Er gibt das Tier daher in ein Tierhotel und hofft auf ein Personal, das mit Hunden umgehen kann. Ist dies nicht der Fall und der Hund stellt was an oder beißt jemanden, muss der Hundehalter auch dafür haften.

In einem anderen Gerichtsfall klagte eine Passantin gegen einen Hundehalter, dessen Vierbeiner sie „erschreckt" hatte. Der Hund kam auf die Passantin zu und bellte sie laut an. Die erschrockene Frau fiel hin und verletzte sich. Auch hier musste der Hundehalter zahlen. Kaufen Sie sich lieber einen leisen Mops. Der kann niemanden erschrecken. Na ja, vielleicht fliegt jemand über ihn, wenn er mal nicht aufpasst und der Mops irgendwo einnickt.

Das Gericht urteilt manchmal so und manchmal so. Nicht immer ist das nachvollziehbar. In einem Fall bellte ein Hund ein Kind an, das an dem Tier und seinen Besitzer mit dem Fahrrad vorbeifuhr. Der Junge stürzte und verletzte sich. Die besorgte Mutter brachte den Fall vor Gericht und bekam nichts. Das Gericht sagt, dass das Kind überzogen reagiert hätte und den Sturz selbst verursacht hatte. Der Richter mochte wohl keine Kinder.

Auch beim Camping nehmen manche Leute gern ihren Hund mit. Und diese sind natürlich auch mal auf dem Campingplatz und liegen dösend in der Sonne. In einem Fall übersah eine Camperin einen daher liegenden Hund, flog über ihn und verletzte sich so schwer, dass sie ihr Leben lang mit Einschränkungen auskommen musste. Auch hier entschied das Gericht, dass der Hundehalter der Frau ein sehr hohes Schmerzensgeld zu zahlen hatte. Auch für auf Campingplätzen herumliegende Hunde ist der Halter verantwortlich. Wahrscheinlich ist es ähnlich wie mit Bierflaschen. Falls Sie mal eine nicht wegräumen, sind Sie für den Schaden verantwortlich. Aber wie ist es eigentlich, wenn ein Camper irgendwo liegt, ein Hund darüber fällt und sich ein Bein bricht? Einen solchen Fall gab es noch nicht. Wahrscheinlich auch aus dem Grund, weil Hunde aufpassen, wo sie hinlaufen. Meistens jedenfalls.

Die Hundehaftpflicht greift übrigens nicht, wenn ein Hund ein Mitglied der eigenen Familie beißt. Die Mitglieder gelten ebenso als Halter des Hundes und können kein Schmerzensgeld verlangen. Sicherlich möchte auch ein Hundehalter nicht von der eigenen Frau verklagt werden. Da es aber solche Urteile gibt, müssen auch derartige Fälle bereits vor Gericht gelandet sein.

Ein besonderer Fall kam vor den obersten Gerichtshof. Eine Familie hatte ihren Hund wie ein Kind gepflegt und liebte es derart innig, dass sie bei dem Tod des Vierbeiners auf Trauerschmerzensgeld klagten. Das Tier verstarb durch eine grobe fahrlässige Tötung, wurde also von jemanden anders abgemurkst. Darum war der Schmerz der Familie umso stärker. Doch der Gerichtshof entschied, dass beim Tod eines Familienhundes kein Anspruch auf Trauerschmerzensgeld besteht.

Der Gerichtshof begründete die Entscheidung damit, dass ein Recht auf ein solches Geld nicht auf Haustiere angewandt werden konnte. Tiere gelten zwar nicht als Sache, bei denen abweichende Regelungen zum Einsatz kommen können. „Eine solche abweichende Regelung sieht vor, dass tatsächlich aufgewendete Heilungskosten unter gewissen Voraussetzungen auch dann zu ersetzen sind, wenn sie den Wert des Tieres übersteigen. Ansonsten bleibt es aber beim allgemeinen Grundsatz, wonach der „Wert der besonderen Vorliebe" – also die Beeinträchtigung immaterieller Interessen – nur bei vorsätzlichem Handeln des Schädigers zu ersetzen ist. Eine Verpflichtung zur Zahlung von Trauerschmerzensgeld bei bloß fahrlässiger Tötung eines Haustiers könnte daher nur durch eine Änderung des Gesetzes begründet werden." Ähm, ja. Keine Tierliebe beim OHG und der Hund wurde ja „bloß fahrlässig getötet".

In Augsburg wurde die „Mops-Affäre" so bekannt, dass sie durch die internationale Presse ging. Mops Edda wurde über eBay verkauft. Die Besitzerin, eine Polizistin aus Wülfrath bei Wuppertal, hatte das Tier über eine Pfändung erhalten und es dann über das Internet für 690,- Euro verkauft. Dass Tiere über das Internet verkauft wurden, ist nicht ungewöhnlich. Edda wurde umbenannt in Wilma und wurde kurz nach dem Erhalt so krank, dass der Hund mehrmals operiert werden musste. Die Käuferin verklagte daraufhin die Polizistin, die das Tier verkauft hatte. Sie verlangte den Kaufpreis und 20.000 Euro Schadensersatz. Die verschiedenen Standpunkte mussten dargelegt werden und die Stadt müsse belegen, dass der Verkäufer in seinem Telefonat die Gesundheit des Tieres klar beschrieben hatte. Wie auch immer das geendet habe, der Mops sitzt im Haus der Käuferin und wird gut gepflegt und behütet.

Ein Jäger verwechselte sein Ziel und erschoss im Wald nicht das Wildschwein, sondern den Hund der am Wald lebenden Familie. Daraufhin wurde der Jagdschein des schief guckenden Jägers eingezogen. Nach drei Jahren Sperrfrist kann er diesen wieder neu machen.

Einige Gerichtsurteile werden durch die Entscheidung des Gerichts und die ausufernde und kurios formulierte Begründung erst richtig schräg. In Offenbach artete ein Streit zweier Nachbarn so aus, dass sich die Hunde beider Parteien mehrfach jagten und bissen. Der Fall landete vor Gericht. Das Gericht urteilte mit der folgenden Aussage: „Beim Beißen mehrerer Rauhaardackel scheidet eine terroristische Dackelvereinigung aus, weil das Beißen kein schwerwiegendes Verbrechen darstellt."

Ein Wanderer mit einem an der Leine geführten Hund löste in der Alm eine Kuhattacke aus. Die Kühe waren besonders empfindlich, weil sie gerade trächtig waren. Sie rannten eine andere Wanderin um und verletzten diese so schwer, dass sie verstarb. Der Fall kam vor Gericht. Zum Einsatz kam hier das „Haftungsrecht-Änderungsgesetz 2019 mit den Sonderbestimmungen in der Alm- und Weidewirtschaft" noch nicht. Der Fall ging durch mehrere Instanzen bis zum Obersten Landgericht. Der Hundehalter wurde haftbar gemacht. Er wurde mit einem Schild auf die trächtigen Kühe aufmerksam gemacht und hätte besondere Sorgfalt anwenden müssen. Nach einem Einspruch wurde das Urteil gekippt und der Halter nicht haftbar gemacht. Grund war wohl auch, dass der Besitzer der Kuhherde auch den Wanderweg abgezäunt hatte. Der Weg gehört natürlich nicht mit zur Weide und darf nicht umzäunt werden.

Wenn in einem Scheidungsvergleich die Kosten und die Betreuung des Hundes geregelt werden, kann später nicht nachträglich per Gericht entschieden werden, wer den Hund bekommt oder ob er abwechselnd betreut werden soll. Was nicht alles in Deutschland geregelt ist! Hier gleich noch eines …

… Beim Kauf eines Welpen gilt in Deutschland die „Erfüllungsgehilfeneigenschaft". Der Halter des Deckrüden ist hier der Lieferant des Samens oder Produkt desselben und wird nicht mehr als Halter zur Verantwortung gezogen. Unsere deutschen Gerichte urteilen anders, wenn der Welpe noch nicht geboren ist.

Noch mehr Witze über Hunde

Witze kann man nie genug haben. Sie lockern so manche Party auf und sind immer gern gehört. Ein paar habe ich hier noch für Sie zusammengestellt …

Sagt ein Mann ganz verzweifelt zu seinem besten Freund: „Mein Hund ist weg! Ich bin völlig durcheinander und verzweifelt. Ich hab schon überall gesucht und Nachbarn gefragt. Ich kann ihn nicht finden."

Sagt der Freund: „Na dann setz doch eine Annonce in die Zeitung und häng ein paar Flugblätter auf!"

„Was soll das denn bringen? Mein Hund kann doch nicht lesen!"

Kommt ein Bauarbeiter ins Tierheim. Fragt er den Verkäufer: „Sagen sie einmal bitte, mag der Schäferhund dort auch kleine Kinder?"

Der Verkäufer darauf: „Ja schon. Aber kaufen sie ihm lieber Hundefutter. Das ist billiger."

Treffen sich zwei Tiere. Das eine Tier verneigt sich und stellt sich freundlich vor: „Guten Tag. Ich freue mich, einen Hund wie dich kennenzulernen. Ich bin ein Wolfsspitz. Mein Vater war ein Wolfshund und meine Mutter ein Spitz." Das andere Tier schweigt einen Augenblick und antwortet dann nachdenklich: „Tag. Freut mich. Ich bin ein Ameisenbär."

Maxxl trifft seinen Freund. Der ist gerade mit einem kleinen, noch sehr jungen Pudel unterwegs. Fragt der Freund: „Ey, woher hast du denn den Hund? Der ist aber süß."

„Na den habe ich als Geschenk zum Geburtstag bekommen."

„Ah cool. Und den willst du jetzt großziehen?"

„Nein, nein, der wächst von alleine."

Treffen sich am Gartenzaun zwei Hunde. Sagt der eine zum anderen: „Du, stell dir vor: Mein Herrchen ist so saublöd!"

„Wieso das denn?"

„Na ich hab ihn schon zum hundertsten Mal den Ball gebracht und er wirft ihn jedes Mal wieder weg."

Ein Mann kommt mit Hund in ein China-Restaurant. Der Kellner kommt aufgeregt zu ihm gerannt und schimpft: „Das Mitbringen von Essen ist verboten."

Alle Kinder streicheln den Rottweiler, nur nicht Paul, der steckt im Maul.

„Ich möchte ihnen den Hund abkaufen, aber ist er auch treu?"
„Na und ob. Ich habe ihn schon dreimal verkauft und er ist

immer wieder zurückgekommen."

Warum haben Manta-Fahrer ein Gitter an ihrem Auspuffrohr? Damit kein Hund darin übernachten kann.

Treffen sich zwei Hundehalter auf der Straße. Fragt der eine den anderen: „Wie heißt ihr Hund denn?"

Darauf die hochnäsige Antwort: „Das ist Herbert von den Hohenzollern. Der hat einen Stammbaum."

Darauf der andere Hundehalter: „Das ist meinem Rudi egal. Der pinkelt überall hin!"

„Mein Hund ist ein Wach- und Schutzhund - kaum ist er wach, schon sucht er Schutz."

Treffen sich zwei Hunde. „Du", meint der eine, „heute werden im Park neue Bäume gepflanzt."

Antwort der andere darauf: „Toll, das muss begossen werden!"

„Lässt ihr Hund einen Fremden an sich heran?"

„Na aber klar doch! Wie sollte er sonst zubeißen können?!"

Der kleine Franz eilt mit dem Hund an der Leine in Richtung Stadtinneres. Opa ruft ihm zu: „Hallo Franzl. Wo willst du denn so eilig hin mit deinem Dackel?"

Antwortet der Franz: "Hallo Opa. Na zum Tierarzt. Bello hat die Tante gebissen.

Opa: „Aha. Und deshalb willst du ihn jetzt einschläfern lassen?"

Franz: „Ach Quatsch. Ich lasse ihm die Zähne schleifen."

Kommt eine Katze in den Himmel und klagt über das schwere Leben mit den Hunden und dass sie immer so viel rennen musste.

Petrus tröstet sie: „Ist gut. Du kommst in den Himmel. Alles kein Problem. Hier hast du ein Paar Rollschuhe für deine wunden Pfoten. Damit kannst du dich schneller und leichter fortbewegen und etwas Spaß hast du dabei auch noch.

Die Katze rollt über die schönen Wege im Himmel und ist glücklich.

Einige Tage später steht ein Hund vor der Himmelspforte.

Petrus fragt, wieso er ihn denn in den Himmel lassen solle, und der Hund klagt:

„Du Petrus, mein Herrchen war mies. Das Essen war schlecht und die Kämpfe mit der Katze. Ach ich kann dir sagen. Das war anstrengend. Immer das Gerenne … Wo ich doch schon so alt bin. Hier ist es so toll. Die Natur, die schönen Wege …"

Und wie er so vom Himmel schwärmt, sieht er die Katze auf den Rollschuhen:

„Und Essen auf Rädern gibt es hier auch!"

Eine Frau kommt mit ihrem Hund zum Uhrmacher.

„Was soll ich mit einem Hund?", fragt der.

„Ich weiß nicht, was mit ihm los ist. Alle fünf Minuten bleibt er stehen."

Ein Mann geht mit seinem Pudel ins Kino. Der Pudel amüsiert sich köstlich über den Film und lacht und lacht. Da dreht sich eine Dame verwundert zu dem Herrn um: „Sie haben aber einen seltsamen Hund."

„Ich wundere mich auch schon die ganze Zeit.", erwidert der Herr. „Das Buch hat ihm nämlich überhaupt nicht gefallen!"

Ein Hund kommt in ein feines Restaurant und setzt sich an einen Tisch. „Was wünschen der Hund?", fragt der Ober.

Der Hund antwortet: „Eine große Portion Bellkartoffeln bitte."

Ein Kaninchenpaar wird von einer Hundemeute gehetzt und flüchtet sich in ein Erdloch. „Und nun?", fragt sie ängstlich.

Der Kaninchenmann winkt ab. „Keine Sorge. Wir warten einfach, Liebling,", sagt er und nimmt sie zärtlich in die Rammlerpfoten, „bis wir ihnen zahlenmäßig überlegen sind."

Sagt eine Frau zu ihrem Nachbarn:

„Meine Hündin lügt!"

„Ach was!", meint der Nachbar. „Das glaube ich nicht. Wie soll das denn gehen."

„Doch, doch. Ich beweise es dir!"

Sie dreht sich zum Hund um und ruft ihn zu: „Rexl, was macht eine Katze?"

Der Hund spitzt die Ohren und antwortet laut: „Wau, wau."

„Siehste. Ich sag's ja."

Die Mäusemutter kommt von der Futtersuche zurück. Da lauert die Katze vor dem Mauseloch. Mutig piepst die Mäusemamma: „Wau, wau."

Erschrocken spitzt die Katze die Ohren und flüchtet.

Die Mäusekinder empfangen die Mutter mit stürmischen Beifall. Stolz sagt sie: „Da seht ihr. Es ist immer gut, eine Fremdsprache zu beherrschen."

Hat es der Hund nicht gut?

Er findet immer einen Dummen, der ihm die Steuern bezahlt ...

Unterhalten sich zwei Freunde: „Es ist schrecklich mit unserem Hund. Ich weiß manchmal echt nicht mehr aus noch ein."

Beruhigt der andere ihn. „Alles halb so schlimm. Was ist denn so schlimm an deinem Hund."

„Ach er jagt alle Postboten auf einem Fahrrad!"

„Ja und warum um Himmels willen nimmst du ihm dann nicht das Fahrrad weg?"

Ein wunderschöner Sommertag in Stuttgart: Herr Meier geht mit seinem Hund am Neckar spazieren. Herrchen greift einen kleinen Ast von der Wiese auf, holt aus und wirft das Stöckchen in das Wasser. „Hol das Stöckchen!"

Der Hund rennt los, läuft über das Wasser zum Stöckchen, holt es aus dem Wasser und läuft wieder zurück ans Ufer.

Die Szene hat ein Spaziergänger beobachtet. Er meint verblüfft: „Ihr Hund kann ja über das Wasser laufen!"

Darauf antwortet der Hundebesitzer: „Ja sicher. Er kann ja nicht schwimmen. Ist ja auch kein Seehund."

„Mein Hund kann mit der Pfote die Haustür öffnen.", prahlt Herr Bayer.

„Na und?", meint Nachbar Schmidt, „meiner hat seinen eigenen Haustürschlüssel!"

Welchen Preis bekommen ruhige und leise Hunde?

Den No-bell-Preis!

Ein Züchter will jetzt was gegen bissige Hunde unternehmen:

Er will einen Pitbull mit einem Bernhardiner kreuzen.

Der neue Hund beißt zwar immer noch, aber er holt auch sofort

Hilfe.

„Hey, du siehst aber schlecht aus.", sagt ein Hund zum anderen.

„Du solltest lieber schnell zum Arzt."

„War ich längst.", kommt es traurig aus der Schnauze. „Der hat auch nicht feststellen können, was mir fehlt."

„Dann musst du eben zum Psychiater."

„Völlig zwecklos. Ich darf ja nicht auf die Couch."

Stöhnt ein Hundehalter: „Ich kann meinen Hund einfach nicht alleine lassen. Er stellt mir die Bude auf den Kopf."

„Gar kein Problem.", sagt ein Hundekenner: „Gib ihm einfach 'ne Injektion Beamtenblut. Er schläft und wird sich nicht mehr von der Stelle rühren."

„Und was mach ich, um ihn wieder wach zu bekommen?"

„Dann rufst du einfach: Feierabend!"

Es brennt in der Stadt. Die Feuerwehr rückt an. Zuerst springen zwei kleine Hunde aus dem Löschwagen.

Fragt einer der Beobachter einen anderen:

„Warum nehmen die denn Hunde mit?"

„Na ist doch klar: Die müssen die Hydranten suchen."

Was gehört zu einem Westfälischen Frühstück?

Eine Flasche Korn, eine Mettwurst, eine Kiste Bier und ein Hund.

Wieso Hund?

Na ja, irgendeiner muss doch die Mettwurst fressen.

Rotkäppchen geht durch den Wald und sieht den Wolf im Gebüsch.

Rotkäppchen: „Sag mal Wolf: Was ist denn mit dir los? Was haste denn für große Augen?"

Der Wolf antwortet mürrisch: „Nicht mal in Ruhe Kacken kann man hier!"

„Es soll Hunde geben, die intelligenter sind als ihr Herrchen.", erzählt Marc zu seinem Kumpel.

„Na klar.", erwidert der. „Ich weiß. So einen hast du auch."

Eine Dame sitzt im Eiscafé. Da kommt ein Pudel herein. Er setzt sich und bestellt ein Schokoladeneis.

„Das ist ja seltsam!", sagt eine Dame zum Ober. Meint der: „Ja, außerordentlich merkwürdig. Sonst bestellt er immer Himbeereis."

„Glauben sie, dass Fernsehen die Zeitung ersetzen kann?", fragt Herr Meier.

„Ausgeschlossen.", antwortet Nachbar Schulze. „Womit soll ich denn dann den Hund vom Sofa vertreiben?"

Ach lieber Mensch – wir Hunde vom Tierheim würden gern mitlachen. Bei dir zu Hause zum Beispiel. Hahahaha!!!!

Drei Hunde wollten sich eine Frau suchen. Sie trafen sich zunächst auf ein Bierchen. Sie tranken sich Mut an, klopften sich gegenseitig auf die Schulter und gingen los.

Nach drei Stunden trafen sie sich wieder und erzählten, was sie erlebt hatten.

Der erste erzählte: „Ich war mit einem Zebramädchen zusammen. Toll, sag ich euch."

Der zweite prahlte: „Ich habe eine Nilpferddame getroffen. Die konnte vielleicht küssen!"

Der dritte ist nur noch ein Schatten seiner selbst. Er war völlig fertig, keuchte außer Atem. Sein Fell war zerzaust und er war schweißnass.

„Was ist dir denn passiert? Keinen Erfolg gehabt?"

„Doch, doch. Ich hatte Erfolg. Und wie." Er schnappte nach Luft.

„Erzähl."

Er erzählte: „Ich war mit einem Giraffenmädchen zusammen. Sie sagte: Küss mich ... ich sofort rauf zu ihr. Sie sagte: Lieb mich ... ich sofort runter; sie sagte: Küss mich ..."

Ein Mann sagt zu seinem Freund: „Jetzt kann ich endlich meine beiden Hunde auseinanderhalten!!"

„Warum das denn? Wie hast du das denn gemacht?", fragt sein Freund begeistert.

„Na ja ganz einfach. Man kann sie gar nicht verwechseln. Man muss nur genau schauen."

Er machte es spannend. „Ja und wo ist der Trick?", fragte sein Freund.

„Der weiße Hund hat längere Ohren als der schwarze Hund!"

Sagt ein Besucher zum Bauern:

„Einen tollen Hund haben sie da. Der ist bestimmt auch ein superguter Wachhund."

Darauf meint der Bauer: „Ja, da haben sie recht. Wenn ich ein verdächtiges Geräusch höre, brauche ich den Hund nur zu wecken. Und schon bellt er!"

Treffen sich zwei Flöhe. Meint der eine zum anderen: „Stell dir das einmal vor. Ich bin so superglücklich."

„Was? Wieso das denn?"

„Ich habe heute 1 Million Euro im Lotto gewonnen!"

Darauf antwortet der andere: „Oh wie fein. Und was kaufst du dir von der ganzen Kohle?"

„Meinen eigenen Hund nur für mich ganz alleine."

„Meine Zigaretten sind mir ausgegangen.", sagt der Gast zur Wirtin.

„Dann geben sie meinem Hund fünf Euro. In zehn Minuten ist er zurück und bringt er ihnen die Marke, die sie gern rauchen."

„Wirklich? Das soll funktionieren? Sie veräppeln mich?"

„Nein. Tue ich nicht. Probieren sie es aus!" Sie winkte den Hund an den Tisch des Gastes. Der Hund schaut mit großen Augen zum Gast.

Der Gast gibt dem Hund das Geld und nennt ihm die Marke, die er bringen soll. Sofort rennt der Hund mit wedelnden Schwanz los.

„Sehen sie. Ich hab's doch gesagt."

Nach einer halben Stunde ist der Hund immer noch nicht zurück. Der Gast ist beunruhigt. Als eine weitere viertel Stunde vergeht, ohne das der Hund wieder auftaucht, ruft er die Wirtin und beschwert sich: „Scheint nicht so recht zu klappen mit der Dressur, was? So ein Betrug. Machen sie das mit jedem? Ich will sofort mein Geld wiederhaben!"

„Beruhigen sie sich. Haben sie alles so gemacht, wie ich es

gesagt habe? Es klappt doch sonst immer. Ich versteh das nicht!?"

„Ich gebe dem Hund zehn Euro, und der verschwindet einfach mit der Kohle."

„Haben sie zehn Euro gesagt?!", fragt die Wirtin entsetzt. „Ich habe ihnen doch deutlich gesagt, sie sollen ihm fünf Euro geben!! Wenn Rex zehn Euro bekommt, geht er ins Kino!"

Zwei Freunde treffen sich zufällig beim Idiotentest. Beide wurden mit Alkohol am Steuer erwischt und müssen nun den Test machen, um ihre Fahrzeugpapiere wiederzubekommen.

Der erste kommt nach zehn Minuten freudestrahlend aus dem Prüfungsraum und schwenkt seinen Führerschein. „Ich sag dir, die Fragen sind super super einfach. Das hat im Nu geklappt."

„Echt? Was musstest du denn beantworten? Was waren das für Fragen?"

„Sie wollten nur wissen: Was ist der Unterschied zwischen Hund und Igel?"

„Und was hast du geantwortet?"

„Ich hab gesagt, der Hund hat Krallen und der Igel Stacheln und schon hatte ich meinen Führerschein zurück."

Denkt sich der andere: „So was von einfach. Das schaff ich mit links."

Nach 10 Minuten kommt er total fertig zurück und ohne Lappen.

Fragt sein Kumpel: „Was ist denn passiert?"

„Sie haben mich gefragt: Was der Unterschied zwischen Lamm und Löwe."

„Kann doch nicht so schwer sein. Und was hast du geantwortet?"

„Ich hab gesagt, das Lamm hat am Montag und der Löwe am Mittwoch Ruhetag."

Hauseigentümer zum neuen Mieter:

„Ist ihr Hund zimmerrein?"

Mieter: „Was denken sie denn! Was soll denn die Frage?" Er ist ganz erbost. „Natürlich macht er immer ins Zimmer rein."

Frau Hippenstiel stürzt aufgeregt in Zimmer: „Ernst-Ludewig, Ernst-Ludewig, dein Dackel hat alle meine selbstgebackenen Plätzchen gefressen."

Ernst-Ludewig lacht: „Mach dir keine Sorgen, Clothilde, ich besorge mir einen neuen Hund."

Sitzt eine Schmeißfliege auf einem frischen Hundehaufen. Kommt eine andere Fliege vorbeigeflogen und fragt:

„Darf ich mich ein wenig zu dir setzen und dir einen Hundewitz erzählen?"

„Ja, gerne. Aber bitte benimm dich und erzähl keinen ekligen Witz. Ich bin grad beim Essen."

Eine alte Frau sitzt auf der Veranda. Da kommt eine Fee zu ihr und sagt: „Heute ist dein Glückstag. Du hast drei Wünsche frei."

Die alte Frau freut sich und überlegt. Dann sagt sie: „Gut, gut. Ich weiß, was ich mir wünsche! Als Erstes möchte ich 120 Millionen haben."

Die Fee schwingt den Zauberstab und wusch: Die alte Frau ward reich.

„Zweitens wünsche ich mir, dass ich wunderschön und zwanzig Jahre jung bin."

Zack. Die Fee schwingt den Zauberstab und vor ihr steht eine wunderschöne, zwanzigjährige junge Frau mit marmorfeiner Haut und glänzendem, hellblondem Haar.

„Als Drittes wünsche ich mir, dass aus meinem Hund ein junger schöner Mann wird."

Wusch. Zack. Kabuff. Und der Hund war verschwunden. Stattdessen stand ein schlanker, zwanzigjähriger Mann mit rehbraunen Augen und muskulösen Oberkörper vor der Frau. Der sieht an sich herab, rennt in die Küche und kommt mit einem Messer in der Hand zurück. Er grinst die (jetzt) junge

Frau an und meint: „Ich wusste, dass du es irgendwann bereuen wirst, dass du mich kastrieren hast lassen!"

Impressum:
Vadim Bauer
Kurt-Georg-Kiesinger-str. 8a
74736 Hardheim

ISBN: 9798742135753
Independently published

Printed in Poland
by Amazon Fulfillment
Poland Sp. z o.o., Wrocław